スピード攻略！

２級
土木施工
管理技術検定
集中レッスン

コンデックス情報研究所　編著

成美堂出版

本書の使い方

本書は、新制度の２級土木施工管理技術検定（種別：土木）第一次・第二次検定の攻略本です。第１部の「ゴロ合わせ編」では、重要事項をゴロ合わせで覚えながら、頻出事項を効率よく学習できます。また、付属の赤シートを使えば、穴埋め問題としても活用できます。第２部の「過去問編」では、過去問題を解きながら、理解度を確認することができます。

◆一次・二次マーク
第一次検定で出題されるものと第二次検定でも出題されるものが一目でわかる！

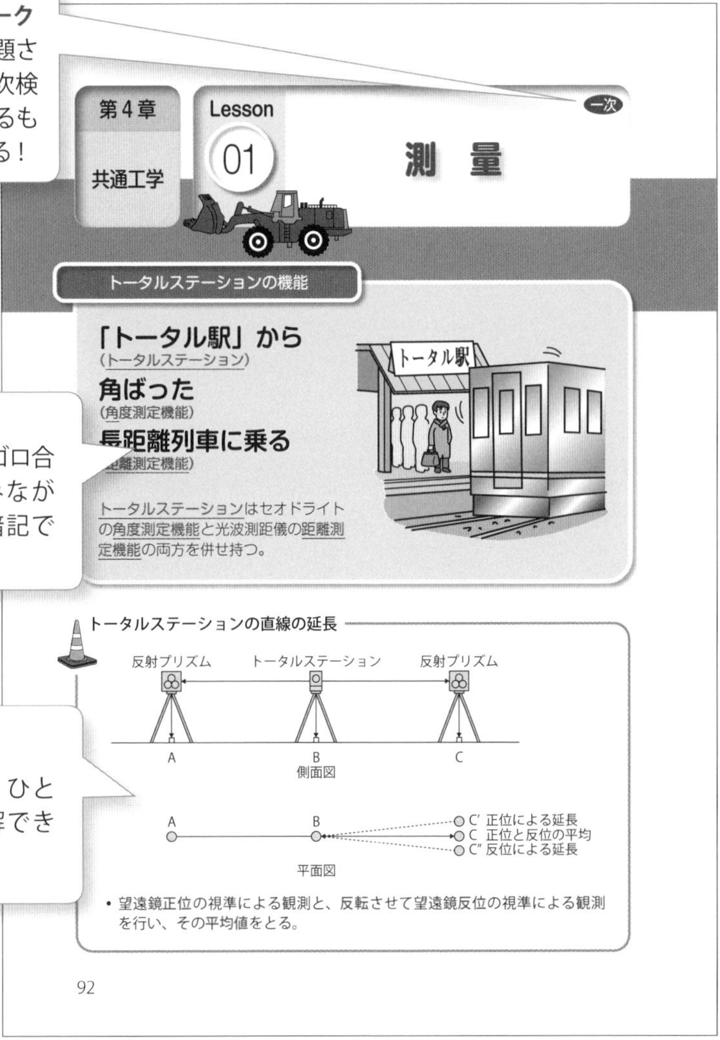

◆ゴロ合わせ
イラスト入りのゴロ合わせで、楽しみながら重要事項が暗記できる！

◆豊富な図版
豊富な図版で、ひと目で内容が理解できる！

水準測量

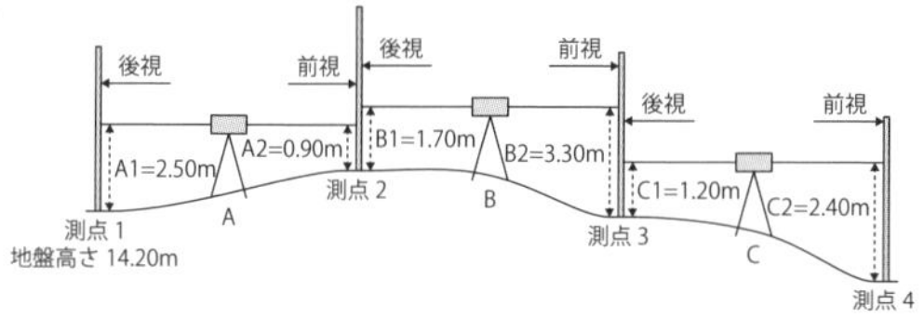

昇降式野帳計算例

測点	後視（m）	前視（m）	高低差		地盤高
			昇（＋）	降（－）	
測点1	2.50				14.20
測点2	1.70	0.90	1.60		[illegible]
測点3	1.20	3.30	[redacted]	[redacted]	14.20
測点4		2.40	[redacted]	[redacted]	13.00

- 1級～4級水準測量は1[redacted]とする。
- 標尺は2本1組とし、往路と[redacted]する。
- レベルと、後視または前視の標[redacted]する。
- 固定点間の測点数は偶数とする。

◆赤シート
付属の赤シートを使えば、穴埋め問題としても活用できる！

プラスα　トータルステーションによる測量の利点

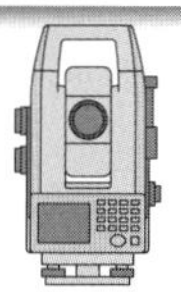

- 1回の視準で、測距《そっきょ》・測角が同時に測定できる。

◆プラスα＆ここに注意！
理解を助ける追加事項や注意事項はここで確認！

93

第2部「過去問編」では、「こんなひっかけ問題に注意！」「この問題は常識で解ける！」「頻出項目総まとめ！」「施工経験記述NG集！」で、多角的に過去問にチャレンジ！

＊本書は、原則として、2024年2月20日現在の情報に基づいて編集しています。

スピード攻略！2級土木施工管理技術検定 集中レッスン

CONTENTS

第1部　ゴロ合わせ編

第1章　土木一般（試験科目：土木工学等）

第2章　専門土木（試験科目：土木工学等）

第３章　法規（試験科目：法規）

第４章　共通工学（試験科目：土木工学等）

第5章　施工管理法（試験科目：施工管理法）

第2部　過去問編

2級土木施工管理技術検定（種別：土木）
ガイダンス

検定に関する情報は変わることがありますので、受検する場合は検定実施団体の発表する最新情報を、必ず事前にご自身でご確認ください。

■試験日・合格発表日（例年）

第一次検定前期（種別は土木のみ）

試験日　6月

合格発表日　7月

第一次検定後期、第二次検定

試験日　10月

合格発表日

第一次検定後期　12月

第二次検定　翌年2月

■申込受付（例年）

第一次検定前期（種別は土木のみ）　3月

第一次検定・第二次検定、第一次検定後期、第二次検定　7月

■試験内容

第一次検定　択一式問題でマークシート方式

第二次検定　記述式筆記試験

第一次検定	土木工学等	1. 土木工学、電気工学、電気通信工学、機械工学及び建築学に関する概略の知識。 2. 設計図書を正確に読みとるための知識。
	施工管理法	1. 施工計画の作成方法及び工程管理、品質管理、安全管理等工事の施工の管理方法に関する基礎的な知識。 2. 土木一式工事の施工の管理を適確に行うために必要な基礎的な能力。
	法規	建設工事の施工の管理を適確に行うために必要な法令に関する概略の知識。
第二次検定	施工管理法	1. 主任技術者として、土木一式工事の施工の管理を適確に行うために必要な知識。 2. 主任技術者として、土質試験及び土木材料の強度等の試験を正確に行うことができ、かつ、その試験の結果に基づいて工事の目的物に所要の強度を得る等のために必要な措置を行うことができる応用能力。 3. 主任技術者として、設計図書に基づいて工事現場における施工計画を適切に作成すること、または施工計画を実施することができる応用能力。

■合格基準

第一次検定　得点が 60%以上

第二次検定　得点が 60%以上

■受検資格

第一次検定　受検年度中における年齢が 17 歳以上の者

第二次検定

受検資格要件	必要な実務経験年数
令和 3 年度以降の 1 級第一次検定合格者	合格後 1 年以上
令和 3 年度以降の 2 級第一次検定合格者	合格後 3 年以上
技術士第二次試験合格者 （土木施工管理技術検定のみ）	合格後 1 年以上
電気通信主任技術者資格者証の交付を受けた者、または電気通信主任技術者試験合格者であって 1 級または 2 級第一次検定合格者（電気通信工事施工管理技術検定のみ）	電気通信主任技術者資格者証の交付を受けた後、または電気通信主任技術者試験合格後 1 年以上

・第二次検定は、令和 6 年度から 10 年度の間は、新受検資格と旧受検資格のどちらかの受検資格に該当する実務経験により受検できます。

・平成 28 年度から令和 2 年度の 2 級学科試験合格者は、合格年度を含む 12 年以内かつ連続する 2 回に限り当該第二次検定を旧受検資格で受検できます。

※実務経験、指定学科、第一次検定免除者その他詳細については、下記試験実施団体のホームページで確認してください。

検定に関する問合せ先

一般財団法人　全国建設研修センター　土木試験部

〒 187-8540　東京都小平市喜平町 2-1-2

TEL　042（300）6860　※電話番号のおかけ間違いにご注意ください。

（電話による問合せ応対時間：9:00 ～ 17:00、土・日・祝は休業）

HP アドレス　https://www.jctc.jp/

第1部
ゴロ合わせ編

第1章 土木一般

Lesson 01

一次 二次

土質調査

標準貫入試験

うちの地盤の支持率は
（地盤の支持力）
現地に
（原位置試験）
潜入して調べる
（標準貫入試験）

標準貫入試験は、地盤支持力の判定に使用される原位置試験である。

■原位置試験

試験の名称	結果の利用
標準貫入試験	地盤支持力の判定
ポータブルコーン貫入試験	建設機械の走行性の判定
スクリューウエイト貫入試験	土の硬軟、締まり具合の判定
オランダ式二重管コーン貫入試験	土の硬軟、締まり具合の判定
砂置換法（単位体積質量試験）	締固《しめかた》め施工管理
平板載荷試験	締固め施工管理、支持力の判定
現場 CBR 試験	締固め施工管理、路床・路盤の支持力の判定
現場透水試験	湧水《ゆうすい》量の算定、排水工法の検討

■室内試験

試験の名称	結果の利用
土粒子の密度試験	土の締固めの程度などを求める
土の含水《がんすい》比《ひ》試験	土の締固め管理
粒度試験	土の分類、土の判定
コンシステンシー試験 （土の液性限界・塑性限界試験）	盛《もり》土《ど》材の判定
突《つき》固《かた》めによる土の締固め試験	盛土の締固め管理
せん断試験（一軸圧縮試験）	粘性土地盤の安定計算、せん断強さの測定
圧密試験	沈下量、沈下速度の計算

土の締固め曲線

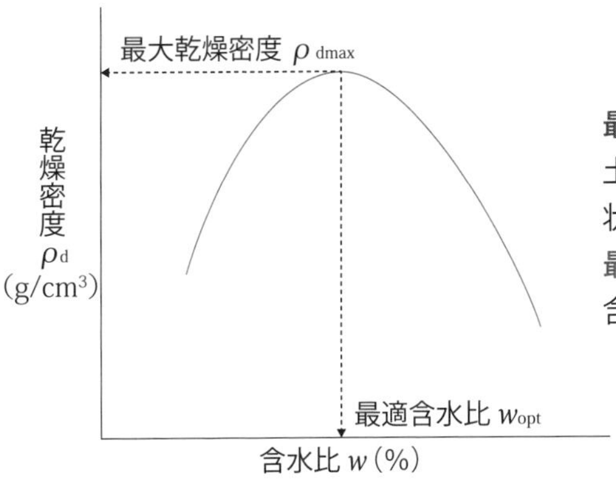

最適含水比
土が最もよく締まる含水状態を**最適含水比**といい、**最大乾燥密度**の得られる含水比である。

プラスα 土量の変化率

$$ほぐし率\ L = \frac{ほぐした土量の体積}{地山土量の体積}$$

（地山《じやま》）

$$締固め率\ C = \frac{締め固めた土量の体積}{地山土量の体積}$$

第1章
土木一般

Lesson 02

一次 二次

土工機械

スクレーパ、バックホゥ

くさいうん●をすくえば
（掘削・運搬）　（スクレーパ）
バックで放って
（バックホゥ）
草地に積み上げ
（掘削・積込み）

スクレーパは掘削や運搬などに、バックホゥは溝掘りなどの掘削や積込みなどに使用する建設機械である。

ショベル系掘削機械

名称	用途
バックホゥ	• 掘削、積込み、伐開除根《ばっかいじょこん》、溝掘り。 • 設置地盤より低い位置の掘削に適する。
クラムシェル	• 水中掘削、基礎掘削、深い位置の掘削。 • 設置地盤より深い位置の掘削に適する。
トラクターショベル （ローダ）	• 掘削、積込み。 • 設置地盤より高い位置の掘削に適する。

掘削・運搬・敷均し機械

名　称	用　途
ブルドーザ	• 掘削、運搬、伐開除根、敷均《しきなら》し・整地、締固め。 • 短距離（60m 以下）の土砂の掘削・運搬に適する。
モーターグレーダ	• 敷均し、整地、材料の混合など。 • 除雪作業に使用される。
モータースクレーパ	• 掘削、運搬。 • 掘削・積込み・長距離運搬、敷均しを一連で行うことができる。

締固め機械

名　称	用　途
ロードローラ	• 路盤の締固め、路床の仕上げ転圧。 • マカダム形とタンデム形がある。
タイヤローラ	• 路盤・路床の締固め。 • 締固め性能は鉄輪のロードローラにやや劣るが、タイヤの空気圧やバラストの調整により、締固め効果を変化させることができる。
振動ローラ	• 振動による締固め効果が深層にも及び、敷均し厚さを厚くできる。 • 締固め効果が大きく、少ない転圧回数で十分な締固め度が得られる。

ここに注意！ **モーターグレーダ**

• モーターグレーダでは、掘削・運搬・締固めはできない。
また、モータースクレーパと取り違えさせるひっかけ問題がよく出るぞ！　気をつけよう。

Lesson 03

一次 二次

盛土工

盛土材料

盛りそばの材料は
(盛土の材料)
のばし固めがしやすく
(敷均し・締固めが容易)
切れにくく
(せん断)
縮みにくいものを
(圧縮)

盛土の材料に求められる性質は、敷均し・締固めが容易であること、せん断強さが大きく、圧縮性（沈下量）が小さいことなどである。

■盛土材料に求められる主な性質

- トラフィカビリティーが確保しやすいこと。
- 敷均しや締固めが容易であること。
- 粒度配合のよい礫質土や砂質土であること。
- 締固め後の吸水による膨張《ぼうちょう》が小さいこと。
- 盛土完成後のせん断強さが大きいこと。
- 盛土完成後の圧縮性が小さいこと。

盛土の施工

敷均し	• 盛土材料を水平に敷き均す。 • 盛土材料の敷均し厚さは、路床より路体の方を厚くする。 • 敷均し厚さは、盛土の目的、締固め機械と施工法及び要求される締固め度などの条件によって左右される。
締固め	• 均等に締め固める。 • 構造物縁部の締固めは、小型の締固め機械により入念に締め固める。 • 締固めの効果や特性は、土の種類、含水状態及び施工方法によって大きく変化する。

■盛土施工上の留意点

- 構造物の裏込め部の材料は、雨水などの浸透によって土圧が増加しないよう、透水性の高い材料を使用する。
- 建設機械のトラフィカビリティーが得られない軟弱地盤では、あらかじめ地盤改良などの対策を行う。
- 盛土を施工する場合は、その基礎地盤が盛土の完成後に不同沈下や破壊を生ずるおそれがないか検討する。

プラスα　土の掘削

ベンチカット工法…階段式に掘削していく方法で、バックホゥやトラクターショベルによって掘削・運搬する。

ダウンヒルカット工法…下り勾配《こうばい》を利用して、ブルドーザやスクレーパによって掘削する。

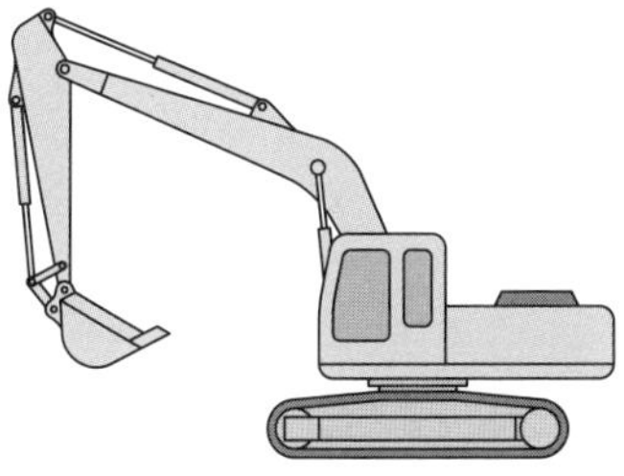

バックホゥ

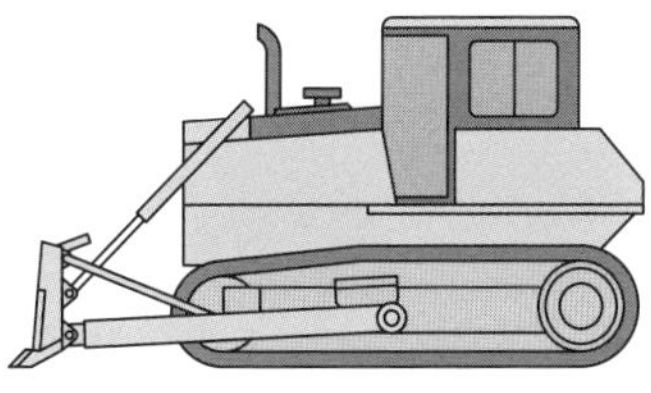

ブルドーザ

Lesson 04

一次 二次

軟弱地盤対策

地盤改良工法

サンドイッチを
（サンドマット工法）

包装しよう！
（表層処理工法）

おせっかいは
（石灰パイル工法）

個別に
（固結工法）

サンドマット工法は表層処理工法、
石灰パイル工法は固結工法である。

主な軟弱地盤対策工法

- 表層処理工法
  - サンドマット工法
  - 表層排水処理工法
  - 敷設材工法
  - 表層混合処理工法
- 固結工法
  - 石灰パイル工法
  - 深層混合処理工法
  - 薬液注入工法

- 載荷工法
  - プレローディング工法
  - サーチャージ工法
- 排水（地下水位低下）工法
  - ディープウェル工法
  - ウェルポイント工法
- 締固め工法
  - バイブロフローテーション工法
  - サンドコンパクションパイル工法
- バーチカルドレーン工法
  - サンドドレーン工法
  - ペーパードレーン工法
- 置換工法
  - 掘削置換工法
  - 強制置換工法

サンドマット工法

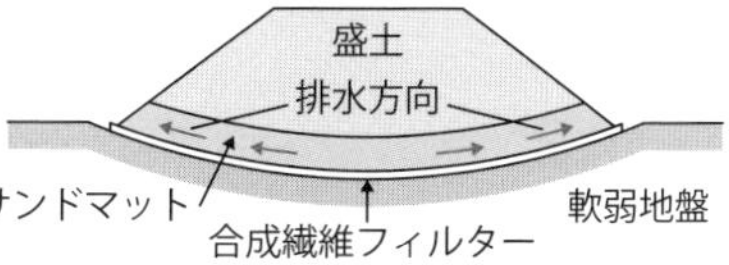

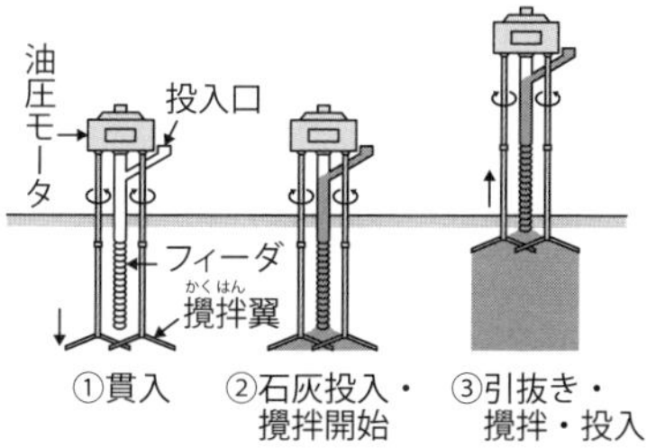

深層混合処理工法

プラスα 押え盛土工法

- 押え盛土工法は、盛土荷重による**すべり破壊**の危険がある場合に、本体盛土に先行して側方に**押え盛土**を施工して安全性を確保する工法である。

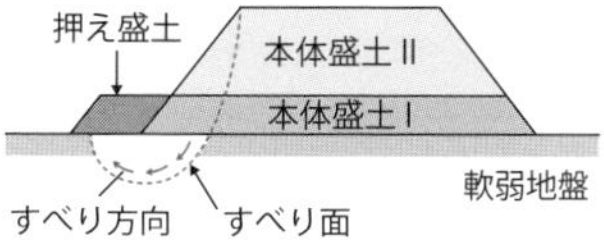

Lesson 05 一次 二次

コンクリートの材料

凍害と AE コンクリート

「納豆がいや」
（凍害）
「そんなこと言わずに」

「えー。いや今度ね」
（AE コンクリート）

凍害を防止するため、気象環境の厳しいところでは、AE コンクリートを用いる。

■骨材の性質

粒　形	偏平《へんぺい》や細長ではなく球形に近いほどよい。
粒　度	粗粒率《そりゅうりつ》で表され、粗粒率が大きいほど粒度が大きい。
密　度	表面乾燥飽水状態（表乾状態）における密度であり、骨材の硬さ、強さ、耐久性を判断する指針になる。
吸水量	絶対乾燥状態（絶乾状態）から表面乾燥飽水状態（表乾状態）になるまで吸水する水量である。
吸水率	吸水率が大きい骨材を用いたコンクリートは、耐凍害性が低下する。
すりへり減量	すりへり減量が小さいほど良質な骨材である。

混和材料

ポゾラン	水酸化カルシウムと常温で徐々に不溶性の化合物となる混和材の総称であり、火山灰やフライアッシュはこの代表的なものである。
フライアッシュ	セメントの使用量が節約でき、コンクリートのワーカビリティーをよくできる。また、コンクリートの長期強度を増大させる。
AE 剤	微小な独立した空気の泡を分布させ、コンクリートの凍結融解（凍害）に対する抵抗性を増大させる。
減水剤	コンクリートの単位水量を減らすことができ、また、単位水量を変えずにコンクリートの流動性を高める。

コンクリートの用語

かぶり	鋼材あるいはシースの表面からコンクリート表面までの最短距離で計測したコンクリートの厚さ。
設計基準強度	構造計算において基準とするコンクリートの強度で、一般に材齢 28 日における圧縮強度を基準とする。
粗骨材の最大寸法	質量で骨材の 90%以上が通るふるいのうち、最小寸法のふるいの呼び寸法で示される粗骨材の寸法。
水セメント比	フレッシュコンクリートに含まれるセメントペースト中の水とセメントの質量比。
コンシステンシー	コンクリートの変形あるいは流動に対する抵抗の程度を表す性質。
スランプ	フレッシュコンクリートの軟らかさの程度を示す指標の１つ。
ブリーディング	固体材料の沈降または分離によって、練混ぜ水の一部が遊離して上昇する現象。
レイタンス	コンクリートの強度や水密性に影響を及ぼす微細な粒子。
ワーカビリティー	打込み・締固め・仕上げなどの作業の容易さを表す性質。

プラスα 骨材の含水状態

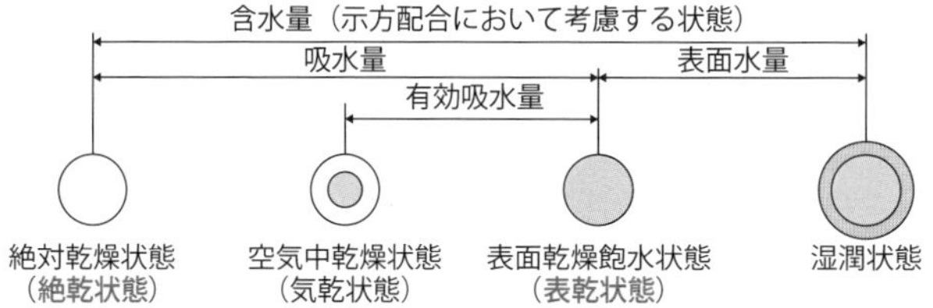

第1章
土木一般

Lesson 06

一次 二次

コンクリートの施工

コンクリートの打設

シュートは縦回転
（シュートは縦）
斜めから狙うなら
（斜めシュート）
ブレに気をつけろ
（材料分離に注意）

高いところからシュートを用いて打設する場合には、縦シュートの使用を原則とする。やむを得ず斜めシュートを用いる場合には、材料分離を起こさない程度の傾きとする。

コンクリートの施工

■練混ぜから打ち終わるまでの時間

気温 25℃以下 ➡ 2 時間
気温 25℃超 ➡ 1.5 時間

■許容打重ね時間間隔

気温 25℃以下 ➡ 2.5 時間
気温 25℃超 ➡ 2 時間

■コンクリートの運搬

- 現場内では、コンクリートをバケットを用いてクレーンで運搬する方法が、材料分離を起こしにくい。

- コンクリートポンプでの圧送は、できるだけ連続して行う。

■コンクリートの打込み

- 直接地面に打ち込む場合は、あらかじめ均しコンクリートを敷いておく。
- 吸水するおそれのある型枠《かたわく》部分は、打込み前に湿らせておく。
- シュートを用いて打込む場合は、縦シュートを用いる。
- 打込み中に表面にたまったブリーディング水は、ひしゃくやスポンジなどで取り除く。
- 1 層当たりの打込み高さは、40 ～ 50cm 以下とする。

■コンクリートの締固め

- コンクリートの締固めには、内部振動機を用いることを原則とし、内部振動機の使用が困難な場所には型枠振動機を使用してもよい。
- 再振動を行う場合には、コンクリートの締固めが可能な範囲でできるだけ遅い時期に行う。
- 内部振動機は、コンクリートに穴を残さないように、ゆっくりと引き抜く。

挿入時間の標準	5 ～ 15 秒程度
挿入の深さ	下層のコンクリートに 10cm 程度

■仕上げと養生

- 打上り面の表面仕上げは、コンクリートの上面にしみ出た水がなくなるか、上面の水を取り除いてから行う。
- 湿潤養生は、コンクリートの露出面を養生マット、布等をぬらしたもので覆うか、散水・湛水を行う。

プラスα 寒中コンクリート

- セメントを直接加熱してはならない。
- 単位水量はできるだけ少なくする。

Lesson 07

一次 二次

鉄筋・型枠

鉄筋の加工

加熱後の腹筋は
（加熱加工後の鉄筋）
急冷禁止！
（急冷してはならない）

径の太い鉄筋などを熱して加工するときは、加熱温度を十分管理し、加熱加工後は急冷させてはならない。

鉄筋の加工

- 熱して加工するときは、加熱温度を十分管理し、加熱加工後は急冷させない。
- 曲げ加工した鉄筋の曲げ戻しは、行わないようにする。
- 組立後に鉄筋を長期間大気にさらす場合は、鉄筋表面に防錆《ぼうせい》処理を施す。
- 鉄筋の重ね継手《つぎて》は、焼なまし鉄線で数箇所緊結する。
- 鉄筋の継手は、大きな荷重がかからない位置で同一断面に集まらないようにする。

木製型枠の固定器具

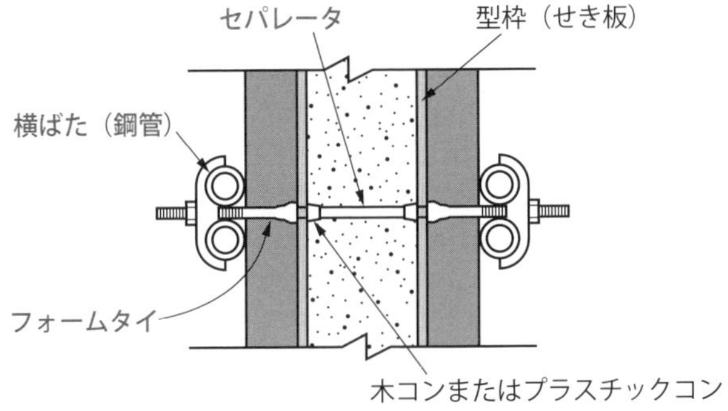

■型枠の施工

- 型枠の施工は、所定の精度内におさまるよう加工及び組立をする。
- 型枠内面には、コンクリート硬化後に型枠をはがしやすくするため、剥《はく》離《り》剤を塗布する。
- コンクリート打込み中は、型枠のはらみ、モルタルの漏れなどの有無の確認をする。
- 供用中のコンクリートのかどの破損を防ぐため、型枠のすみに面取り材を設置する。

プラスα スペーサー

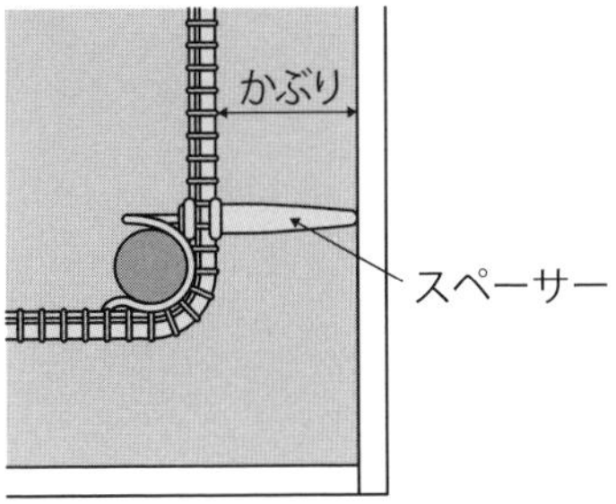

- 型枠に接するスペーサーは、モルタル製あるいはコンクリート製を使用することを原則とする。

第1章
土木一般

Lesson 08

一次

既製杭の施工

打込み杭工法

悔いが広がる
(1 群の杭は)
中から外へ
(中心部から周辺部へ打込む)

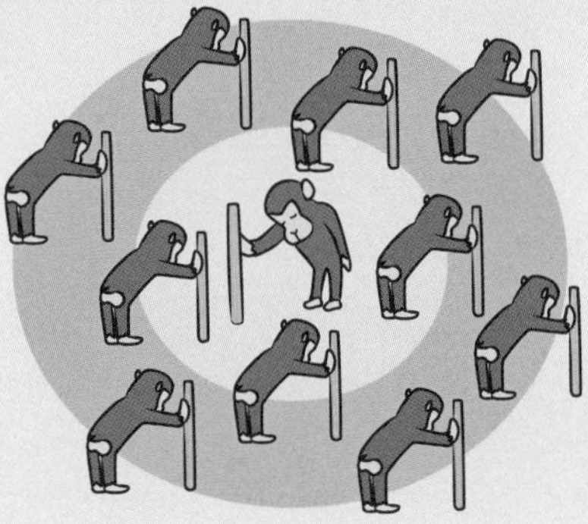

打込み杭工法で 1 群の杭を打つときは、中心部の杭から周辺部の杭へと、順に打ち込む。

■杭打ち機の特徴

ドロップハンマ	ハンマを落下させて打ち込むもので、ハンマの重量は杭の重量以上が望ましい。
油圧ハンマ	低騒音で油の飛散がなく、打込み時の打撃力を調整できる。
ディーゼルハンマ	蒸気の圧力によって打ち込むもので、騒音・振動が大きい。
バイブロハンマ	振動と振動機・杭の重量によって杭を地盤に貫入させる。

■打込み杭工法

- 打込み杭工法
  - 打撃工法
  - 振動工法（バイブロハンマ工法）

- 1本の杭を打ち込むときは連続して行うことを原則とする。
- 1群の杭を打つときは、中心部の杭から周辺部の杭へと、順に打ち込む。
- 打込み杭工法では、杭の貫入量とリバウンド量により支持力の確認が可能である。
- 打撃工法における打込み精度は、建込み精度により大きく左右される。

■埋込み杭工法

- 埋込み杭工法
  - 中掘り杭工法
  - プレボーリング杭工法

中掘り杭工法	• 既製杭の中空部をアースオーガで掘削しながら杭を地盤に貫入させていくものである。 • 過大な先掘りを行ってはならない。 • 杭の沈設方法には、掘削と同時に杭体を回転させながら圧入させる方法がある。 • 先端処理方法には、最終打撃方式、セメントミルク噴出攪《かく》拌《はん》方式、コンクリート打設方式がある。 • 泥水処理、排土処理が必要である。

■打込み杭工法と埋込み杭工法の比較

支持力 騒音・振動 隣接構造物への影響	打込み杭工法　>　埋込み杭工法

プラスα　プレボーリング杭工法

- 掘削した孔内に根固め液、杭周固定液を注入し、杭を沈設する工法。

Lesson 09

一次

場所打ち杭の施工

深礎工法、オールケーシング工法

新卒の
（深礎工法）

ライナーを
（ライナープレート）

グラブでキャッチ
（ハンマーグラブ）

OK ！
（オールケーシング工法）

深礎工法ではライナープレートを、オールケーシング工法ではハンマーグラブを使用する。

場所打ち杭工法

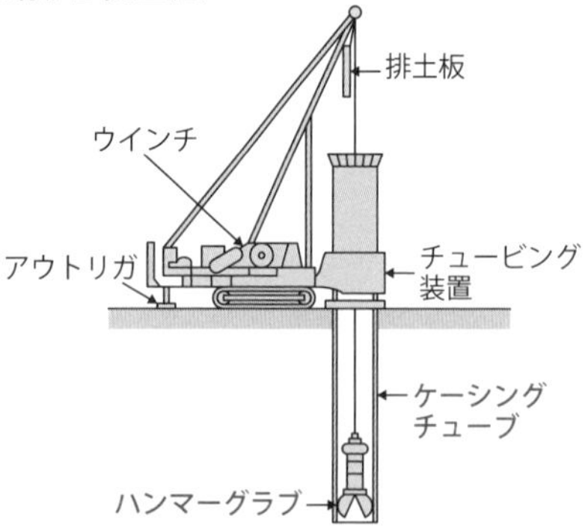

オールケーシング工法

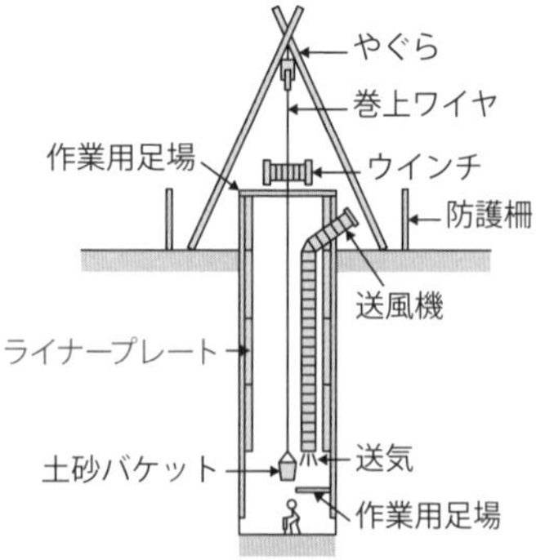

深礎工法

■場所打ち杭工法の種類

オールケーシング工法	ケーシングチューブを挿入《そうにゅう》して孔壁《こうへき》の崩壊を防止しながら、ハンマーグラブで掘削する。
アースドリル工法	アースドリルで掘削を行い、地表面からある程度の深さに達したらケーシングを挿入し、地山の崩壊を防ぎながら掘削する。
リバースサーキュレーション工法	掘削孔に満たした水の圧力で孔壁を保護しながら、水を循環させて削孔機で掘削する。
深礎工法	掘削孔が自立する程度掘削して、ライナープレートを用いて孔壁の崩壊を防止しながら、人力または機械で掘削する。

■各工法と使用する機材

オールケーシング工法	ハンマーグラブ、ケーシングチューブ
アースドリル工法	アースドリル、ケーシング
リバースサーキュレーション工法	削孔機、スタンドパイプ
深礎工法	掘削機械、ライナープレート（土留材）

■場所打ち杭工法の特徴

- 掘削土により、基礎地盤や中間層、支持層の土質が確認できる。
- 杭材料の運搬や、長さの調節が比較的容易である。
- 施工時の騒音・振動が打込み杭に比べて小さい。
- 大口径の杭を施工することにより、大きな支持力が得られる。

プラスα　アースドリル工法の施工順序

掘削開始 → 表層ケーシング挿入 → 掘削完了 → 鉄筋建込み → トレミー管挿入 → コンクリート打込み

第1章
土木一般

Lesson 10

一次

土留め

土留め壁

水くさい横やり
（止水性のない横矢板）
荒野で
（鋼矢板）
堰き止め
（止水）

親《おや》杭《ぐい》横《よこ》矢《や》板《いた》には止《し》水《すい》性がない。
鋼矢板は止水性が高く、施工が比較的容易である。

■土留め壁の種類と特徴

親杭横矢板壁	止水性が劣るため、地下水のない地盤に適する。
鋼矢板壁	止水性を有しているので地下水位の高い地盤に用いられる。
軽量鋼矢板壁	止水性が良くないので小規模な開削工事に用いられる。
連続地中壁	止水性を有しているので大規模な開削工事に用いられる。
柱列杭	剛性が大きいため、深い掘削にも適する。

土留め工の部材名称

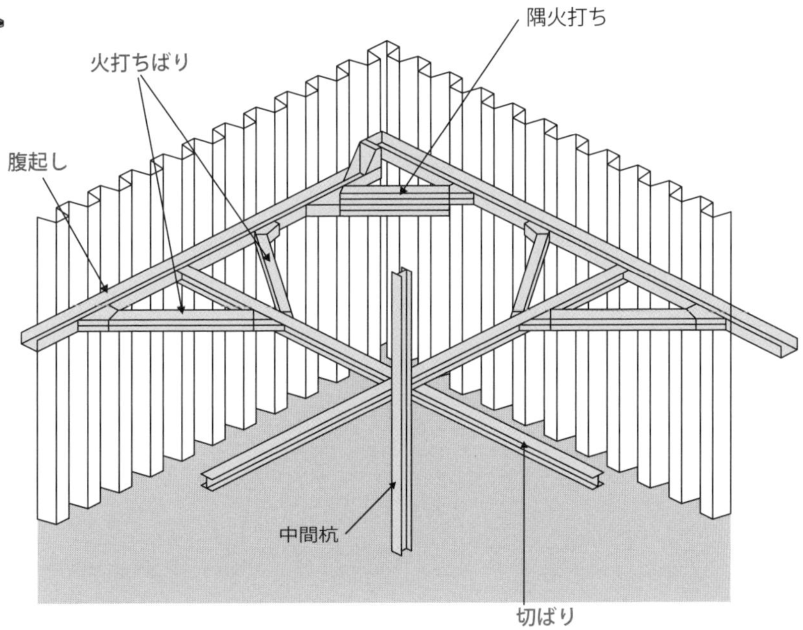

■土留めアンカー

- **切ばり**による土留めが困難な場合や、掘削断面の空間を確保する必要がある場合に用いる。

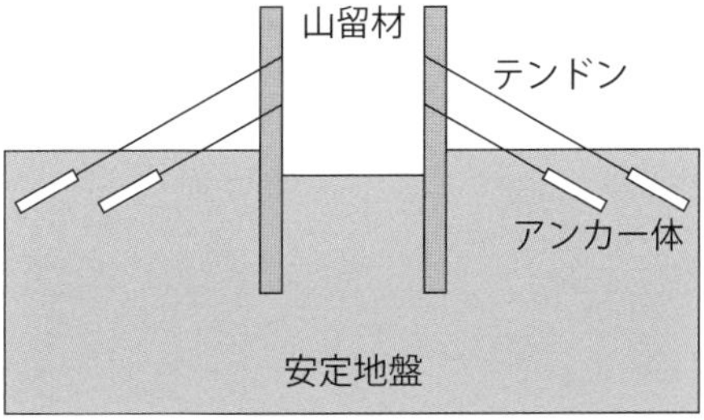

プラスα　基礎地盤と直接基礎

- 支持地盤が地表から浅い箇所に得られる場合には、**直接基礎**を用いる。
- 直接基礎は、基礎底面と支持地盤を密着させ、十分な**せん断抵抗**を有するよう施工する。
- 基礎地盤の地質・地層状況、地下水の有無については、**標準貫入試験**で調査する。

第2章

専門土木

Lesson 01

一次

鋼材

鋼材の特性

男性が
(弾性)
限度超えると
(限度)
女性になる?!
(塑性)

鋼材は、応力度が限度に達するまでは弾性を示すが、それを超えると塑《そ》性《せい》を示す。

■鋼材の特性

鋼材の特性

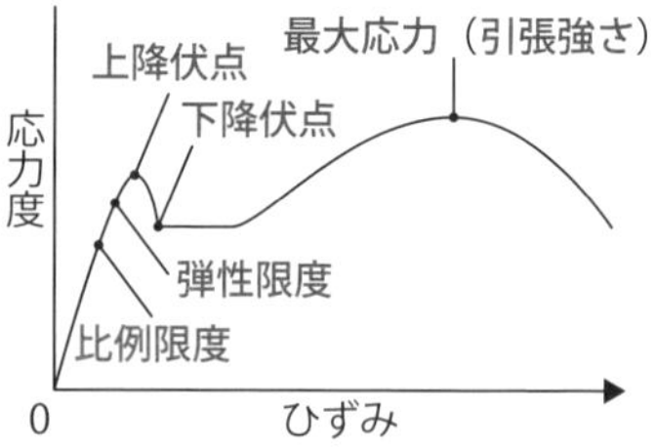

比例限度	応力度とひずみが比例する最大限度
弾性限度	荷重を取り去ればひずみが0に戻る弾性変形の最大限度
最大応力点	応力度が最大となる点
上降伏《うえこうふく》点	応力度が増えないのにひずみが急激に増加しはじめる点
下降伏《したこうふく》点	上降伏点を過ぎて、応力一定でひずみが進行する部分の平均応力

■鋼材の種類

低炭素鋼	延性《えんせい》、展性《てんせい》に富み、溶接など加工性が優れているので、橋梁《きょうりょう》などに広く用いられる。
高炭素鋼	成形性、溶接性が悪く、じん性（粘り強さ）も低いので、構造材としては使用されない。表面硬さが必要なキー・ピン・工具などに用いられる。
耐候性鋼	炭素鋼にクロムやニッケルなどを添加していて、無塗装橋梁などに用いられる。気象や化学的な作用による腐食が予想される場合に用いる。
ステンレス鋼	さびにくくするためにクロムやニッケルを含ませた合金鋼。構造材としての使用は少ないが、湿気の多い場所や化学薬品を扱う機械器具、厨房《ちゅうぼう》設備など、耐食性が問題となる分野で用いられる。
鋳鋼《ちゅうこう》	温度変化の影響による主桁《しゅげた》や主構造の伸縮を吸収するためや、耐震性向上のために伸縮継手に用いられる。
硬鋼線材	成形性、溶接性が悪く、じん性（粘り強さ）も低いので、構造材としては使用されない。硬鋼線、PC 硬鋼線、亜鉛めっき鋼より線、ワイヤロープなどの製造に用いられる。

■鋼材の種類と主な用途

棒　鋼	異形棒鋼、丸鋼、ＰＣ鋼棒
鋳　鋼	橋梁の伸縮継手
線　材	ワイヤーケーブル、蛇かご
管　材	基礎杭、支柱

プラスα 鉄筋

- 鉄筋コンクリート構造物に使用される鉄筋は、炭素鋼で展性・延性が大きく、加工が容易である。

第2章
専門土木

Lesson 02

一次

架設工法

ベント式工法、片持ち式工法

弁当　くれー
（ベント式工法）（クレーン車）
くれないなら
（クレーン車が入れない）
かき餅でいいから
（片持ち式工法）

ベント式工法は、橋桁《はしげた》部材を自走クレーン車でつり上げ、ベントで仮受けしながら組み立てて架設する。自走クレーン車が進入できない場合や、桁下の空間が利用できない場合は、トラベラークレーンによる片持ち式工法を用いる。

■架設工法と架設方法

工法名	架設方法
ベント式工法	橋桁部材を自走クレーン車などでつり上げ、ベントで仮受けしながら組み立てて架設する。
ケーブルクレーン工法（直吊り工法）	鉄塔で支えられたケーブルクレーンで桁をつり込んで、受ばり上で組み立てて架設する。
フローティングクレーン工法（一括架設工法）	船にクレーンを組み込んだ起重機船を用いる工法で、水深が深く流れの緩やかな場所の架設に適している。
片持ち式工法	すでに架設した桁上にトラベラークレーンを設置して部材をつり上げながら架設するもので、桁下の空間が利用できない場合などに用いられる。
送り出し工法	隣接する場所であらかじめ組み立てた橋桁を手延機《てのべき》で所定の位置に押し出して架設する。

架設工法

■ベント式工法

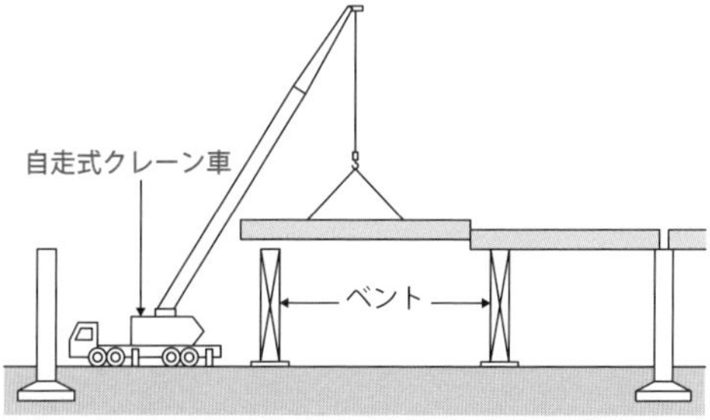

■ケーブルクレーン工法

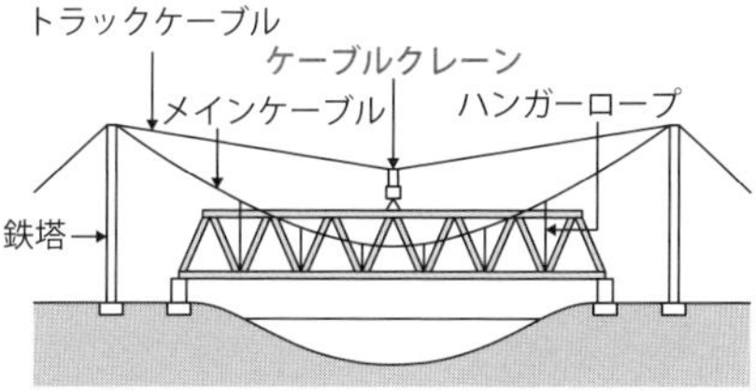

■フローティングクレーン工法

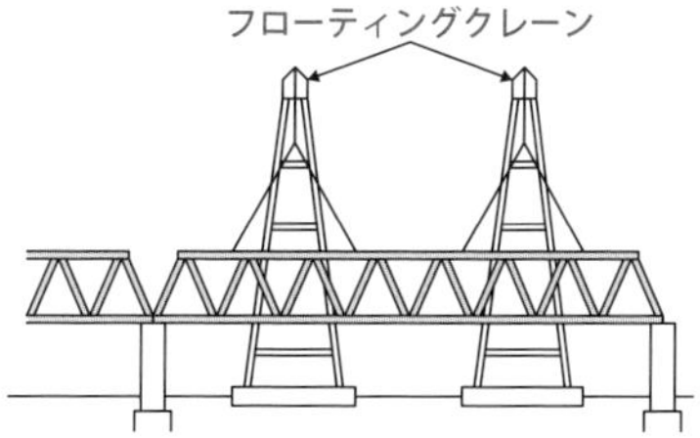

■片持ち式工法

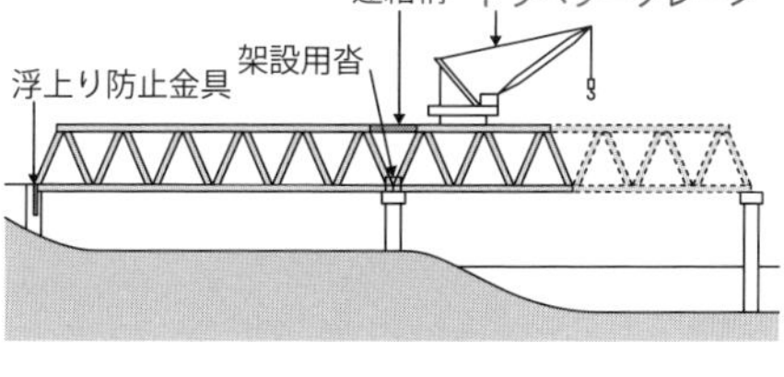

■送り出し工法

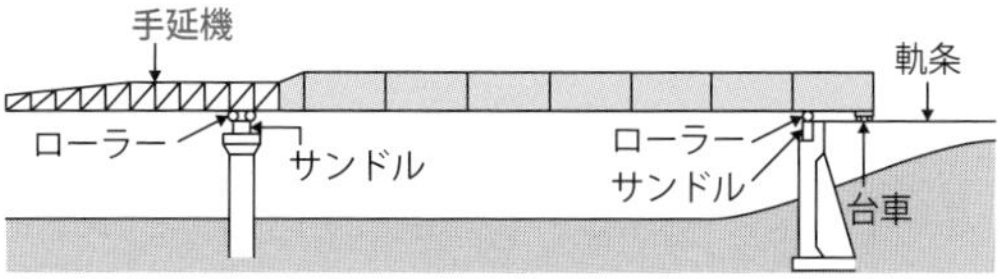

第2章
専門土木

Lesson 03

一次

鋼橋の接合

ボルトの締付け

持久力をつけるには
(ボルト軸力の導入)
納豆を
(ナット)
よくかき回して
(回す)

鋼橋のボルトの締付けにおいて、ボルト軸力の導入は、ナットを回して行うのを原則とする。

■ボルトの締付け

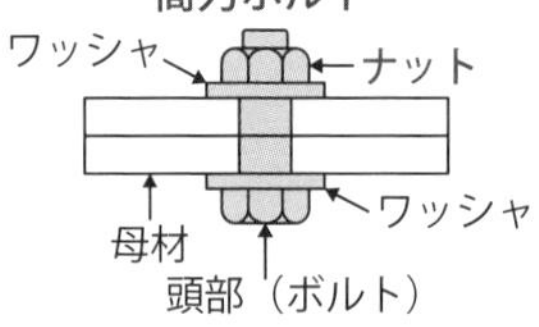

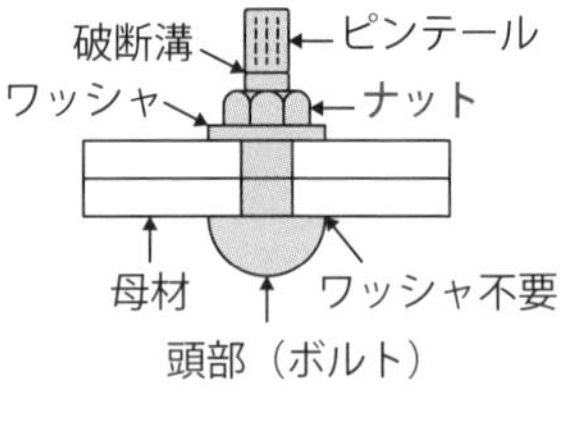

- ボルトの締付けは、設計ボルト軸力が得られるように締め付ける。
- ボルトの締付けは、各材片間の密着を確保し、十分な応力を伝達させるようにする。
- ボルト軸力の導入は、ナットを回して行うのを原則とする。
- ボルトの群は、中央から端部に向かって締め付ける。
- トルシア形高力ボルトを使用する場合は、本締めに専用締付け機を使用する。

溶接接合

隅肉《すみにく》溶接	部材の交わった表面部に溶着金属を溶接する。
開先（グルーブ）溶接	部材間のすきまに溶着金属を溶接する。

	突合せ継手	T継手	十字継手	角継手
開先継手	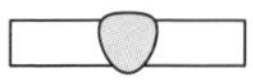	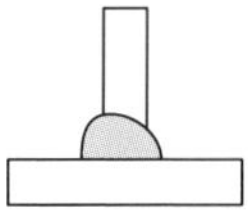	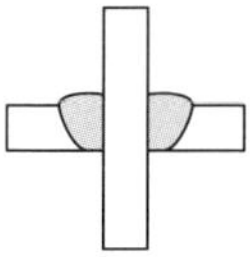	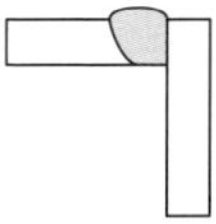
隅肉継手		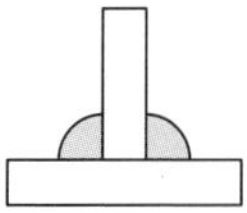	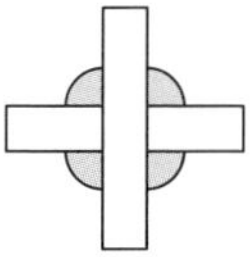	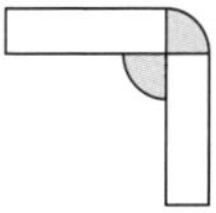

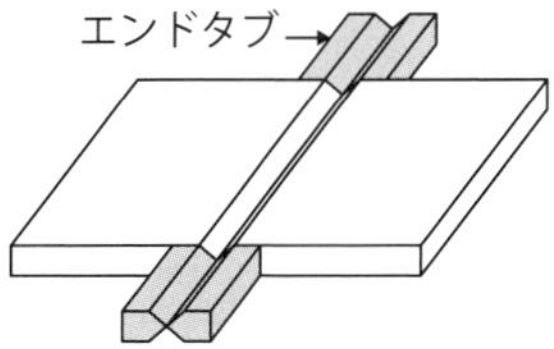

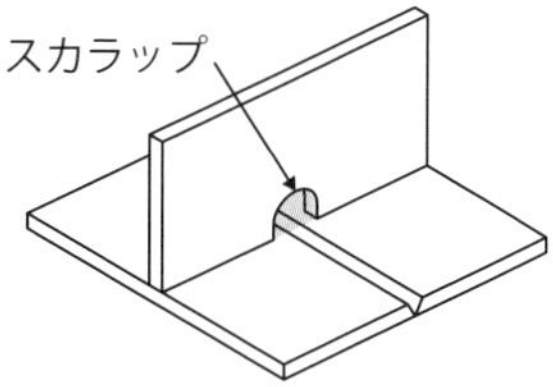

エンドタブ
溶接の始点と終点は、溶接欠陥が生じやすいので、エンドタブを設ける。

スカラップ
溶着金属の線が交わる場合は、応力の集中を避けるため、片方の部材に扇状の切欠き（スカラップ）を設ける。

プラスα　溶接部の強さ

- 溶接部の強さは、溶着金属部ののど厚と有効長によって求められる。

第2章

専門土木

Lesson 04

一次

コンクリート構造物

化学的侵食・塩害・凍害対策

水責めで
（水セメント比）
火を小さくして
（小さく）
食塩とうがいで対策
（化学的侵食・塩害・凍害対策）

化学的侵食、塩害、凍害《とうがい》の対策として、水セメント比を小さくする。

■コンクリート構造物の劣化現象

アルカリシリカ反応	骨材中シリカ分とセメント中のアルカリ性水分が反応して膨張性物質が生成され、ひび割れが生じる現象
中性化	コンクリートのアルカリ性が空気中の炭酸ガスの浸入などにより失われていく現象
塩害	コンクリート中に浸入した塩化物イオンが鉄筋の腐食を引き起こす現象
凍害	コンクリートに含まれる水分が凍結し、氷の生成による膨張圧などによりコンクリートが破壊される現象
化学的侵食	硫酸や硫酸塩などによりコンクリートが溶解、劣化する現象
疲労	荷重が繰返し作用することで、コンクリート中に微細なひび割れが発生し、やがて大きな損傷となっていく現象

■劣化機構とその要因

アルカリシリカ反応	反応性のある骨材
中性化	炭酸ガス
塩害	塩化物イオン
凍害	凍結融解作用
化学的侵食	侵食性物質
疲労	繰返し荷重

■主な劣化機構とその対策

アルカリシリカ反応	• 高炉セメント B 種を使用する。 • アルカリ総量を 3.0kg/m^3 以下とする。
中性化	• タイル、石張りなどで表面仕上げを行う。 • かぶりを大きくする。
塩害	• 水セメント比を小さくする。 • かぶりを大きくする。
凍害	• AE 剤を使用する。 • 水セメント比を小さくする。 • コンクリート中の空気量を 6%程度にする。
化学的侵食	• コンクリート表面を被覆する。 • 水セメント比を小さくする。 • かぶりを大きくする。

プラスα かぶり

• かぶりとは、コンクリート表面から鉄筋までの最小距離をいい、鉄筋を酸化等から保護する役目を果たす。

第2章

専門土木

Lesson 05

一次

河川堤防

堤防の法面保護

自然のままじゃムリよ！
（自然繁茂）

植毛しなきゃ
（植生工）

カバーできないわ！
（保護）

築堤した堤防の法面《のりめん》保護は、一般に、草類の自然繁茂ではなく、芝その他の植生工を施す。

■河川堤防の構造

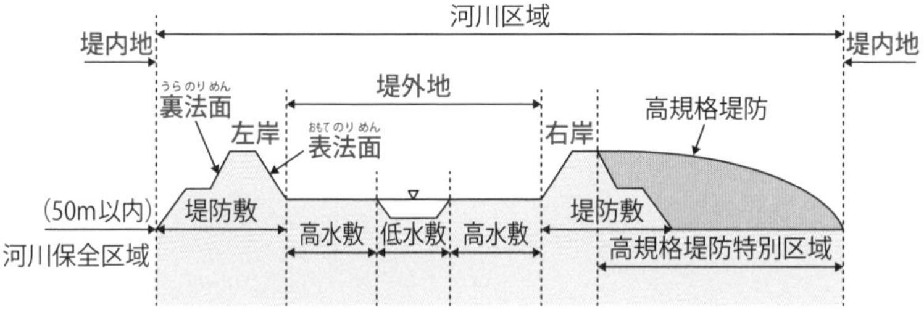

堤外地・表法面…河川の流水がある側

堤内地・裏法面…堤防で守られる側

右岸…上流から下流を見て右側

左岸…上流から下流を見て左側

■河川堤防に用いる土質材料の条件

- できるだけ透水性が小さいこと。
- 有害な有機物及び水に溶解する成分を含まないこと。
- 施工性がよく、特に締固めが容易なこと。
- 適度な粒度分布の材料であること。

河川堤防の施工

締固め

- 堤体盛土の締固め中は、盛土内に雨水の滞水や浸透などが生じないように、表面に３～5%程度の横断勾配を設ける。
- １層の締固め後の仕上り厚さを 30cm 以下とする。

腹付け

- 既設堤防との接合を高めるために、階段状に段切りを行う。
- 腹付けは一般に旧堤防の裏法面に行う。

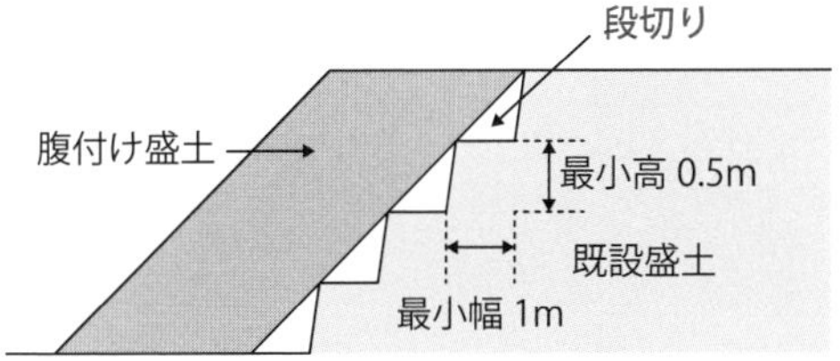

法面保護

- 施工した堤防の法面保護は、一般に芝等の植生工により行う。
- 川表の法面は、通常、総芝張りとする。

ここに注意！ 新堤防築堤後の旧堤防

- 引堤《ひきてい》工事を行った場合の旧堤防は、新堤防が完成後、直ちに撤去《てつきょ》せず、新堤防が安定した機能を発揮するまで併設しておく。

第2章
専門土木

Lesson 06

一次

河川護岸

石積み工、石張り工

石積んで急行
（石積み工）　（急勾配）
意地張って
（石張り工）
観光
（緩勾配）

石材を用いた護岸の施工方法としては、法勾配が急な場合は石積み工、緩い場合は石張り工を用いる。

■河川護岸の種類

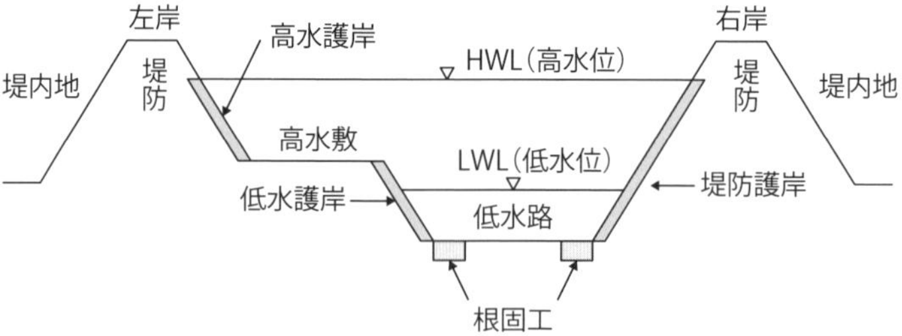

高水護岸…複断面の河川において高水時に堤防の表法面を保護する。

低水護岸の構造

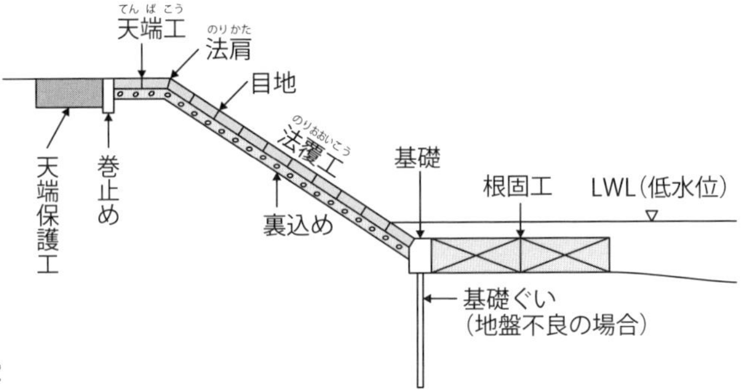

法覆工《のりおおいこう》

- 堤防や河岸の法面を被覆し、保護する。
- 堤防の法勾配が急で流速が大きい場所では、積ブロックで施工する。

コンクリートブロック張工	•工場製品のコンクリートブロックを法面に敷設する工法。 •法勾配が急な場所では、間知《けんち》ブロックを使用する。
コンクリート法枠工《のりわくこう》	•法面のコンクリート格子枠《こうしわく》の中にコンクリートを打設する工法。 •法勾配が急な場所では施工が難しい。

基礎工

- 法覆工を支える基礎であり、洗掘《せんくつ》に対する保護や、裏込め土砂の流出を防ぐ。
- 護岸基礎工の天端の高さは、平均河床《かしょう》高より低い高さで施工する。

根固工《ねがためこう》

- 河床の洗掘を防ぎ、基礎工、法覆工を保護する。

天端保護工

- 流水によって護岸の裏側から破壊しないように保護する。

プラスα 横帯工・縦帯工

横帯工…河川の流水方向の一定区間ごとに設けられ、護岸の破損が他の箇所に波及しないよう絶縁する役割を有する。

縦帯工…護岸の法肩部に設けられるもので、法肩の施工を容易にし、法肩部の破損を防ぐ。

Lesson 07

一次

砂防えん堤

前庭保護工

前の亭主と　復縁
（前庭保護工）　（副えん堤）

即席御飯と
（側壁護岸）

たぬきの水炊き
（水叩き）

前庭《ぜんてい》保護工には、副えん堤、側壁護岸、水叩きがある。

重力式砂防えん堤の構造

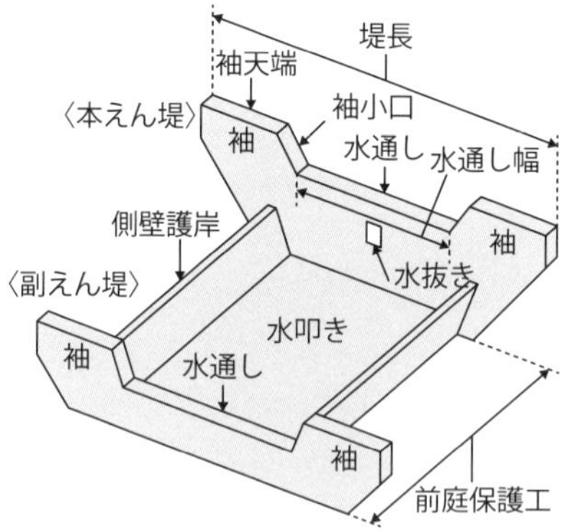

基礎の根入れ

岩盤	1～2 m
砂礫《されき》地盤	2～3 m

■砂防えん堤各部

水通し	砂防えん堤の上流側からの水を越流《えつりゅう》させるために、一般に逆台形断面で設けられる。
袖	洪水を越流させないようにし、両岸に向って上り勾配とする。
水抜き	本えん堤施工中の流水の切替えや堆砂後の浸透水を抜いて、本えん堤にかかる水圧を軽減するために設けられる。
水叩き	本えん堤を越流した落下水の衝撃を緩和し、洗掘を防止するために設けられる。
前庭保護工	本えん堤を越流した落下水による前庭部の洗掘を防止するために、堤体の下流側に設けられる。

砂防えん堤の施工順序

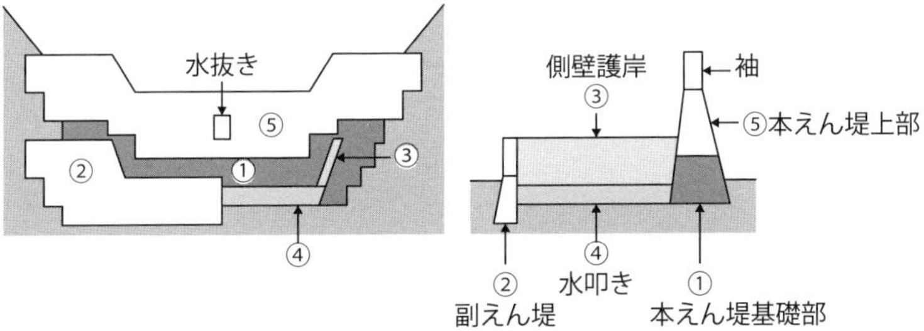

①本えん堤基礎部 → ②副えん堤 → ③側壁護岸 → ④水叩き → ⑤本えん堤上部

注意

- 副えん堤より先に本えん基礎部を施工する。

プラスα 本えん堤下流の法勾配

- 本えん堤下流の法勾配《のりこうばい》は、越流土砂による損傷を避けるため、一般に1:0.2程度としている。

Lesson 08

一次

地すべり防止工

排土工

はいどうぞ
（排土工）
頭から
（地すべり頭部）
不安な重荷を
（不安定な土塊）
おろしてあげたよ

排土工は、地すべり頭部の不安定な土塊《どかい》を排除し、土塊の滑動《かつどう》力を減少させる工法である。

主な抑制工と抑止工

- 抑制工
  - 地表水排除工（水路工）
  - 地下水排除工（横ボーリング工、集水井工、排水トンネル工）
  - 排土工
- 抑止工
  - 杭工
  - シャフト工

抑制工… 地形や地下水の状態などの**自然条件**を変化させることにより、地すべり運動を停止または緩和させる工法。

抑止工… 杭などの**構造物**を設けることにより、地すべり運動の一部または全部を停止させる工法。

■主な抑制工

水路工	地表面の水を速やかに水路に集め、地すべり区域外に排除する。
横ボーリング工	帯水層をねらってボーリングを行い、地下水を排除する。地すべり斜面に向かって水平よりやや上向きに施工する。
集水井工	集水孔や集水ボーリングによって地下水を集水し、原則として排水ボーリングにより自然排水する。
排水トンネル工	地すべり規模が大きい場合に用いられる。
排土工	地すべり頭部に存在する不安定な土塊を排除し、土塊の滑動力を減少させる。

■主な抑止工

杭工	鋼管などの杭を地すべり斜面に建込み、斜面の安定を高める。
シャフト工	大口径の井筒《いづつ》を地すべり斜面に設置し、鉄筋コンクリートを充填《じゅうてん》して、シャフト（杭）とする。

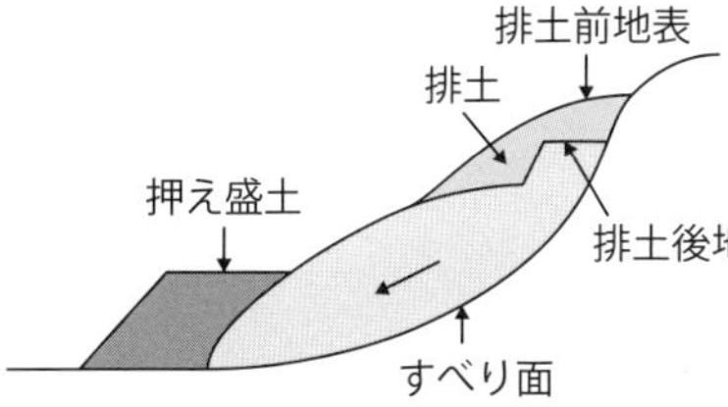

排土工の施工モデル

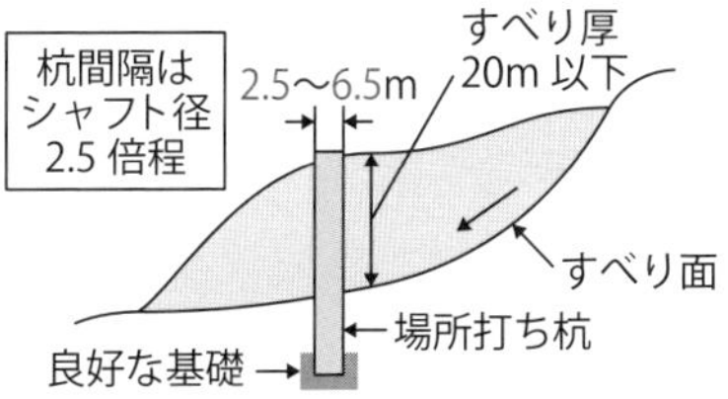

シャフト工の例

ここに注意！ 抑制工と抑止工の優先度

- 地すべり防止工では、抑制工、抑止工の順に施工し、抑止工だけの施工は避けるのが一般的である。

Lesson 09

一次

道路のアスファルト舗装の路床・路盤

路床の仕上がり厚さ

ローションパック
(路床)
仕上がり
(仕上がり)
アップするのは
(厚さ)
20 歳までよ
(20cm 以下)

路《ろ》床《しょう》の 1 層の仕上り厚さは、20cm 以下とする。

路床の安定処理

- 路床の安定処理は、原則として路上混合方式で行う。

手順

①安定材の散布に先だって現状路床の不陸整正や、必要に応じて仮排水溝の設置などを行う。

⬇

②所定量の安定材を散布機械または人力により均等に散布する。

⬇

③安定材の混合終了後、モーターグレーダなどによる粗均しを行い、タイヤローラによる仮転圧を行う。

■下層路盤の工法

粒状路盤工法	• クラッシャラン、クラッシャラン鉄鋼スラグ、砂利・砂などの材料を用いる工法。
セメント安定処理工法	• セメント安定処理工法に用いるセメントは、ポルトランドセメント、高炉セメントなどいずれを用いてもよい。
石灰安定処理工法	• 石灰安定処理工法における強度の発現は、セメント安定処理工法に比べて遅いが、長期的には耐久性及び安定性が期待できる。

■下層路盤の施工

下層路盤材料…最大粒径を原則として 50mm 以下とする。

転圧……………一般にロードローラとタイヤローラを用いて行う。

安定処理………1 層の仕上り厚さ ┬ 粒度調整工 20cm 以下
　　　　　　　　　　　　　　　　└ セメント・石灰安定処理工 15 ～ 30cm

■上層路盤の工法

粒度調整工法	• 良好な粒度になるように調整した骨材を用いる工法で、柔軟性を有する特長がある。 • 1 層の仕上り厚は、15cm 以下を標準とする。 • 1 層の仕上り厚さが 20cm を超える場合には、所要の締固め度が保証される施工方法が確認されていれば、その仕上り厚さを用いてもよい。
セメント安定処理工法	• 締固めは、敷き均した路盤材料の硬化が始まる前までに締固めを完了する。
石灰安定処理工法	• 締固めは、所要の締固め度が確保できるように、最適含水比よりやや湿潤状態で行う。
瀝青《れきせい》安定処理工法	• 骨材に瀝青材料を添加して処理する工法で、平坦《へいたん》性がよく、たわみ性や耐久性に富む特長がある。 • 加熱アスファルト安定処理工の 1 層の仕上り厚さは、10cm 以下とする工法と、それを超えた厚さで仕上げる工法とがある。 • 舗装用石油アスファルトは、通常、ストレートアスファルト 60 ～ 80 または 80 ～ 100 を用いる。

第2章

専門土木

Lesson 10

一次

アスファルト舗装の施工

タックコート

タコの足は　よくくっつく
(タックコート)　(付着をよくする)

散歩に困って
(散布量)

坂からころげた
($0.3 \sim 0.6L/m^2$)

タックコートは、加熱アスファルト混合物とその下層の面との付着をよくするために、一般に $0.3 \sim 0.6L/m^2$ 散布する。

■アスファルト混合物の運搬

- 加熱アスファルト混合物は、よく清掃した運搬車を用い、温度低下を防ぐため保温シートなどで覆い、品質変化しないように運搬する。

■アスファルト混合物の敷均し

- 加熱アスファルト混合物は、一般にアスファルトフィニッシャにより均一な厚さに敷き均す。
- 敷均し時の混合物の温度は、一般に 110℃を下回らないようにする。

注意
- 縦継目部は、レーキなどで粗骨材を取り除いた新しい混合物を既設舗装に 5cm 程度重ねて敷き均す。

■アスファルト混合物の締固め

転圧順序

継目転圧 ⇒ 初転圧 ⇒ 二次転圧 ⇒ 仕上げ転圧

初転圧	• ロードローラへの混合物の付着防止のため、ローラに少量の水または軽油を散布する。 • ロードローラで2回（1往復）程度行い、横断勾配の低い方から高い方へ、低速でかつ一定の速度で転圧する。 • 転圧温度は、一般に110～140℃である。
二次転圧	• 一般にタイヤローラで行うが、振動ローラを用いることもある。 • 転圧終了時の温度は、70～90℃が望ましい。
仕上げ転圧	• 不陸の修正、ローラマークの消去のために行う。 • タイヤローラあるいはロードローラで2回（1往復）程度行う。

■転圧終了後の交通開放

• 舗装表面の温度が一般に50℃以下になってから行う。

■プライムコートとタックコート

プライムコート	• 路盤とアスファルト混合物のなじみをよくする。 • 通常、アスファルト乳剤（PK－3）を用いて、散布量は一般に1～2L/m^2が標準である。
タックコート	• アスファルト混合物とその下層の瀝青安定処理層、中間層、基層との付着をよくするため散布する。 • 通常、アスファルト乳剤（PK－4）を用いて、散布量は一般に0.3～0.6L/m^2が標準である。

プラスα 継目の施工

• 横継目部は、下層の継目の上に上層の継目を重ねないようにする。
• 縦継目部は、レーキなどで粗骨材を取り除いた新しい混合物を、既設舗装に5cm程度重ねて敷き均す。

第2章
専門土木

Lesson 11

一次

アスファルト舗装の補修

わだち掘れ

わだち　惚《ほ》れちゃった
（わだち掘れ）
あなたが通ったあとに
（走行軌跡部）
Oh ～♥　突撃！
（凹）　（凸）

わだち掘れは、道路の横断方向の凹《おう》凸《とつ》で、車両の通過位置に生じる。

■主な舗装破損

縦断方向の凹凸	道路の延長方向に、比較的長い波長で生じる凹凸で、どこにでも生じる破損である。
わだち掘れ	道路の横断方向の凹凸で、車両の通過位置に生じる。
線状ひび割れ	縦・横に幅 5mm 程度で長く生じるひび割れで、路盤の支持力が不均一な場合や舗装の継目に生じる。
亀甲《きっこう》状ひび割れ	路床・路盤の支持力低下や沈下及び混合物の劣化や老化により発生する。
ヘアクラック	縦・横・斜めの不定形に、幅 1mm 程度に生じる比較的短いひび割れで、おもに表層に生じる破損である。

■主な補修工法

打換え工法	• 破損が著しい場合や、他の工法では補修が不適当な場合に、表層あるいは路盤から打ち換える工法。
局部打換え工法	• 局部的に破損が著しい場合や、他の工法では補修が不適当な場合に、表層あるいは路盤から局部的に打ち換える工法。
切削《せっさく》工法	• 路面の凸部等を切削除去し、不陸や段差を解消する工法。
オーバーレイ工法	• 既設舗装上に厚さ 3cm 以上の加熱アスファルト混合物層を施工する工法。
わだち部オーバーレイ工法	• わだち掘れ部のみを加熱アスファルト混合物で施工する工法。 • 主に摩擦等ですり減った部分を補うものであり、流動により生じたわだち掘れ箇所には適さない。
表面処理工法	• 既設舗装上に、加熱アスファルト混合物以外の材料で 3cm 未満の封かん層を設ける工法。 • チップシール工法、スリラーシール工法等がある。
パッチング	• ポットホール、くぼみ、段差などを応急的に修繕する工法。

■補修工法と施工機械

補修工法	施工機械
オーバーレイ工法	アスファルトフィニッシャ
線状切削打換え工法	線状切削機械
チップシール工法	表面処理機械
路上表層再生工法	路上表層再生機械・再生用路面ヒータ

ここに注意！ ひび割れの程度が大きい場合

• ひび割れの程度が大きい場合は、路床、路盤の破損の可能性が高いので、一般にオーバレイ工法より打換え工法を選定する。

第2章
専門土木

Lesson 12

一次

コンクリート舗装

表面仕上げの順序

あら、
（荒仕上げ）
平たい
（平坦仕上げ）
そう麺
（粗面仕上）

コンクリートの表面仕上げは、荒仕上げ、平坦仕上げ、粗面仕上げの順に行う。

■コンクリート版の種類と施工

普通コンクリート版	コンクリート版にあらかじめ目地を設け、コンクリート版に発生するひび割れを誘導する。
連続鉄筋コンクリート版	横目地を省《はぶ》き、コンクリート版の横ひび割れを縦方向鉄筋で分散させる。
転圧コンクリート版	横収縮目地、膨張目地及び縦目地等を設置するが、ダウエルバーやタイバーは使用しない。
プレキャストコンクリート版	必要に応じて相互のコンクリート版をバーなどで結合する。

普通コンクリート舗装の施工

コンクリートの練混ぜから舗設開始までの時間の限度の目安

ダンプトラックで運搬する場合　…　約 1 時間以内
アジテータトラックで運搬する場合　…　約 1.5 時間以内

鉄網・縁部補強鉄筋

- コンクリート版の上面から 1/3 の深さを目標に設置する。
- 継手には重ね継手を用いる。

横収縮目地

- 横収縮目地は、車線に直交方向に一定間隔で設け、その間隔は、版厚に応じて 8m または 10m とする。
- 横収縮目地のカッタによる目地溝は、所定の位置に所要の幅及び深さまで垂直に切り込んで設置する。

養生

- コンクリート舗装版は、所定の強度になるまで湿潤状態を保つように養生する。
- 養生期間を試験によって定める場合は、現場養生を行った供試体の曲げ強度が、配合強度から求められる所定強度以上となるまでとする。
- 強風時などでコンクリート版の初期ひび割れの発生を防止するためには、通常よりも養生の開始時期を早めるなどの対策をとる。

■アスファルト舗装との比較

- 耐久性に富む。
- 路面が白色系のため照明効率がよい。
- 長い養生日数が必要である。

プラスα　コンクリート舗装の主な数値

コンクリート版の厚さ…15 ～ 30cm 程度
路床…路盤の下 1m の部分
上層路盤と下層路盤に分けて施工…路盤の厚さが 30cm 以上の場合

第2章 専門土木

Lesson 13

一次

ダム工事

RCD工法、ブロック工法

神童ローラの　あるCD
(振動ローラ)　(RCD工法)

バイブの動作で
(バイブロドーザ)

ブロック
(ブロック工法)

コンクリートの締固めは、ブロック工法ではバイブロドーザなどの内部振動機を用い、RCD工法では振動ローラが一般に用いられる。

ダムの種類

コンクリートダム

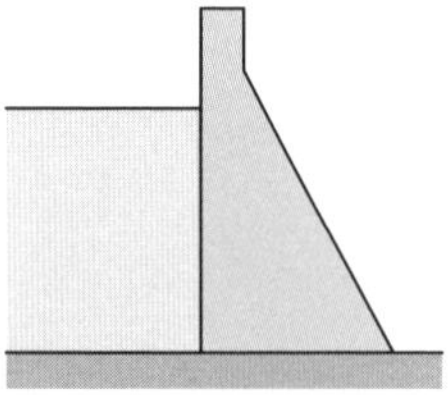

重力式
ダム自身の重力により水圧などの外力に抵抗する形式のダム。

フィルダム

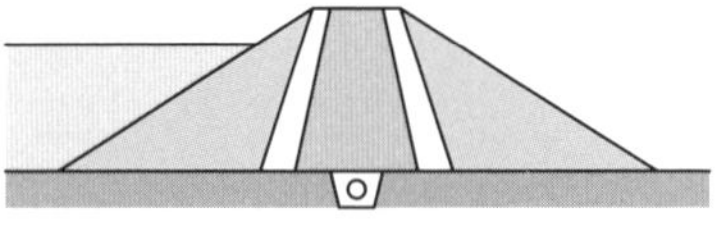

ゾーン型（中央遮水《しゃすい》壁型）
堤体の中央部に遮水性の高い材料を、上流及び下流部にそれぞれ透水性の高い材料を用いて盛り立てる形式のダム。

■河道処理

- ダム本体工事期間中の河川の流れを一時迂回させる転流工は、河川流量や地形などを考慮して仮排水路トンネル方式が多く用いられる。

■基礎掘削

- ダムの基礎掘削は、基礎岩盤に損傷を与えることが少なく大量掘削に対応できるベンチカット工法が一般的である。
- 基礎掘削は、計画掘削線に近づいたら発《はっ》破《ぱ》掘削はさけ、人力やブレーカなどで岩盤が緩まないように注意して施工する。

■グラウチング

目　的	ダムの基礎地盤などの遮水性の改良または弱部の補強
種　類	カーテングラウチング コンソリデーショングラウチング ブランケットグラウチング

■コンクリートダムの打設工法

ブロック工法	コンクリートをブロック割りして打ち込む工法
RCD 工法	コンクリートを堤体全面に水平に連続して打ち込む工法

■施工機械

運　搬	ダンプトラック
敷均し	ブルドーザ
締固め	ブロック工法／バイブロドーザ ＲＣＤ工法／振動ローラ

■コンクリートダムの施工

- RCD 工法における横継目は、ダム軸に対して直角方向に設け、コンクリートの敷均し後に振動目地切機などを使って設置する。
- コンクリートの水平打継《うちつぎ》目《め》に生じたレイタンスは、コンクリートが完全に硬化する前に、圧力水や電動ブラシなどで除去する。
- ダムの堤体工のコンクリート打込み後の養生は、RCD 工法の場合、スプリンクラーによる散水養生により実施する。

第2章
専門土木

Lesson 14

一次

トンネル工事

吹付けコンクリート

地肌の凹凸を埋めるように
(地山の凹凸を埋める)
コーンクリームを吹き付けて
(吹付けコンクリート)

吹付けコンクリートは、地山の凹凸を埋めるように吹き付けることで、作用する土圧などを地山に分散する効果がある。

山岳工法の掘削

機械掘削	自由断面掘削方式	ブーム掘削機、バックホゥ、大型ブレーカなどによる掘削。
	全断面掘削方式	トンネルボーリングマシンによる掘削。
発破掘削		・切羽《きりは》の中心の一部を先に爆破し、これによって生じた新しい自由面を次の爆破に利用して掘削するもの。 ・主に硬岩から中硬岩の地山に適用される。

山岳工法の支保工

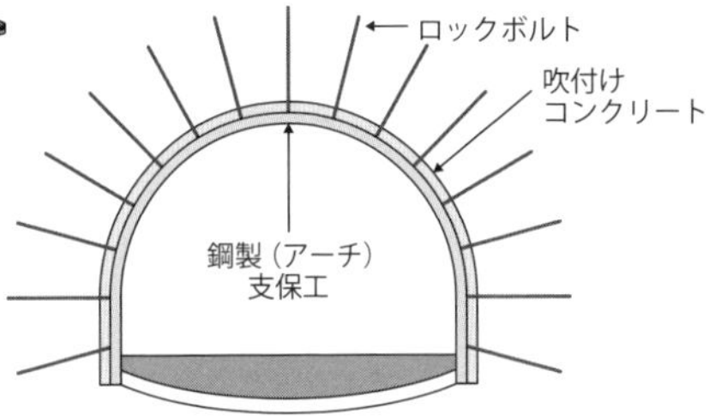

- 支保工は、掘削後の断面を維持し、岩石や土砂の崩壊を防止するとともに、作業の安全を確保するために設ける。
- 支保工の施工は、掘削後速やかに行い、支保工と地山をできるだけ密着あるいは一体化させ、地山を安定させる。

吹付けコンクリート	• 地山の凹凸を埋めるように吹付け、地山との付着を確実に確保する。 • 吹付けノズルを吹付け面に直角に向け、ノズルと吹付け面の距離を保って行う。
ロックボルト	• ベアリングプレートが吹付けコンクリート面に密着するように、ナットなどで固定する。 • 特別な場合を除き、トンネル掘削面に対して直角に設ける。
鋼製支保工	• 吹付けコンクリートの補強や掘削断面の切羽《きりは》の早期安定などの目的で行う。 • 一次吹付けコンクリート施工後速やかに建て込む。

■山岳工法の覆工《ふくこう》

- 覆工コンクリートの打込み前には、コンクリートの圧力に耐えられる構造のつま型枠を、モルタル漏れなどがないように取り付ける。
- 覆工コンクリートの打込み時には、適切な打上がり速度となるように、覆工の両側から左右均等に打ち込む。
- 覆工コンクリートの締固めには、内部振動機を用い、打込み後速やかに締め固める。
- 打込み終了後の覆工コンクリートは、硬化に必要な温度及び湿度を保ち、適切な期間にわたり養生する。

プラスα 山岳トンネル施工時の観察・計測

- 観察・計測頻度《ひんど》は、切羽の進行を考慮し、掘削直後は密に、切羽が離れるに従って疎になるように設定する。

Lesson 15

一次

海岸堤防

乱積み

乱杭《らんぐい》歯《ば》も
(乱積み)

高菜をかんだら
(高波)

かみ合わせがよくなるよ
(かみ合わせがよくなる)

乱積みは、高波を受けるたびに沈下し、徐々にブロックどうしのかみ合わせがよくなる。

■海岸堤防の種類

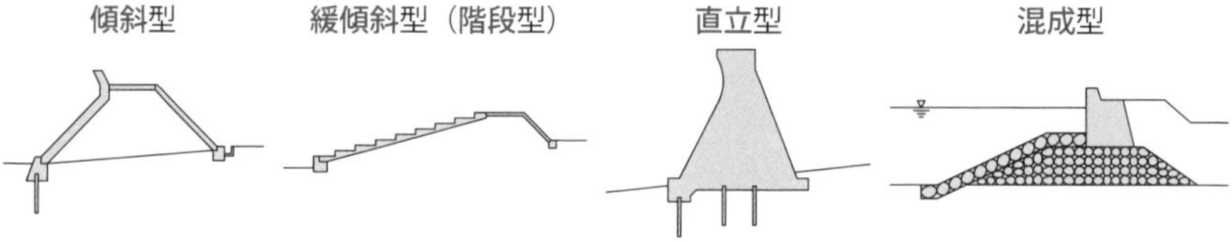

傾斜型	• 基礎地盤が比較的軟弱な場合に適する。 • 堤防直前で砕波が起こる場合に適する。
緩傾斜型（階段型）	• 堤防前面の法勾配が 1：3 より緩やかなものをいう。 • 親水性の要請が高い場合に適する。
直立型	• 堤防前面の法勾配が 1：1 より急なものをいう。 • 堤防用地が容易に得られない場合に適する。 • 天《てん》端《ば》や法面の利用は困難。
混成型	• 水深が割に深く、比較的軟弱な基礎地盤に適する。

傾斜型海岸堤防の構造

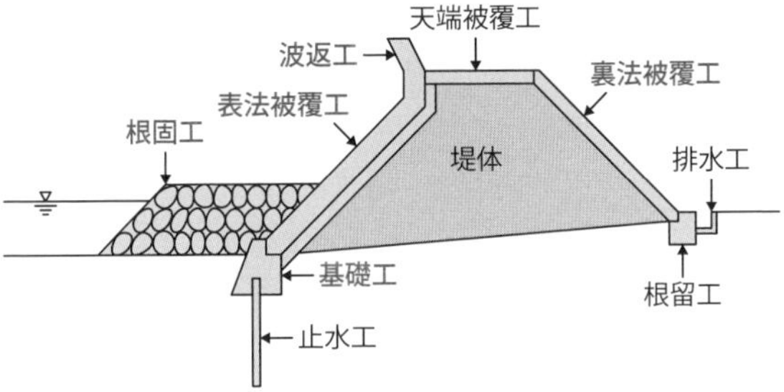

消波工

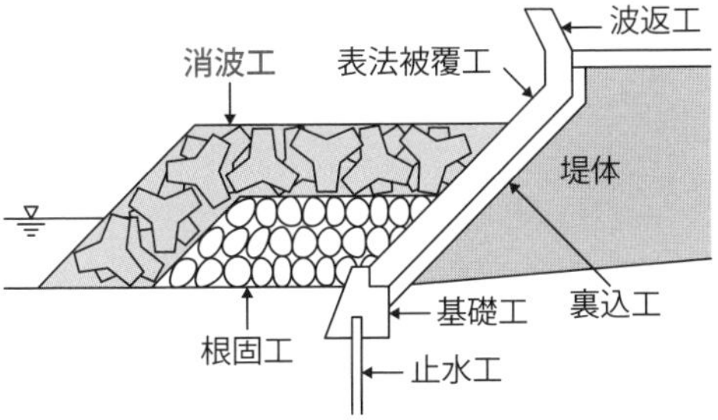

- 消波工は、波の打上げ高さを小さくすることや、波による圧力を減らすために堤防の前面に設けられる。

■異形コンクリートブロック

乱積み	• 層積みと比べて据付けが容易だが、据付け時のブロックの安定性は悪い。 • 高波を受けるたびに沈下し，徐々にブロックどうしのかみ合わせがよくなる。 • 海岸線の曲線部も容易に施工できる。
層積み	• 規則正しく配列する積みかたで、外観は美しい。 • 乱積みに比べて据付けに手間がかかり、海岸線の曲線部などの施工が難しい。

Lesson 16 ケーソン式防波堤

一次

ケーソンの仮置き

ハローが吹き荒れる
(波浪)
とりあえずしずめて
(沈めて仮置き)
しずめて

ケーソンは、波浪や風などの影響でえい航直後の据付けが困難な場合には、波浪のない安定した時期まで沈設して仮置きする。

防波堤の種類

傾斜堤

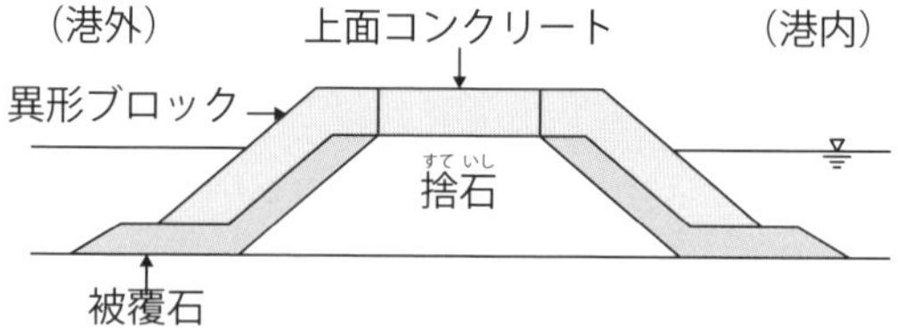

直立堤

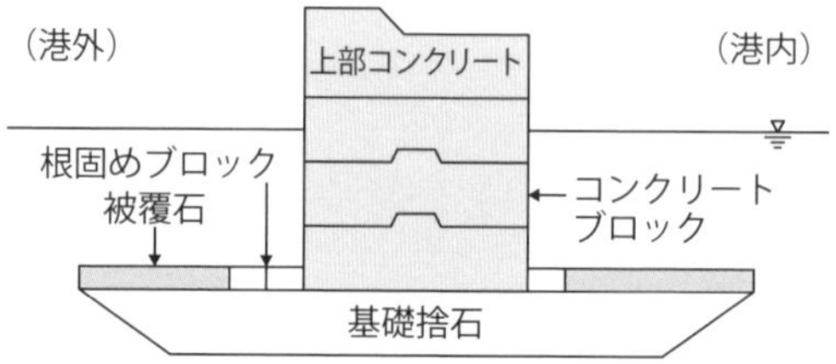

混成堤

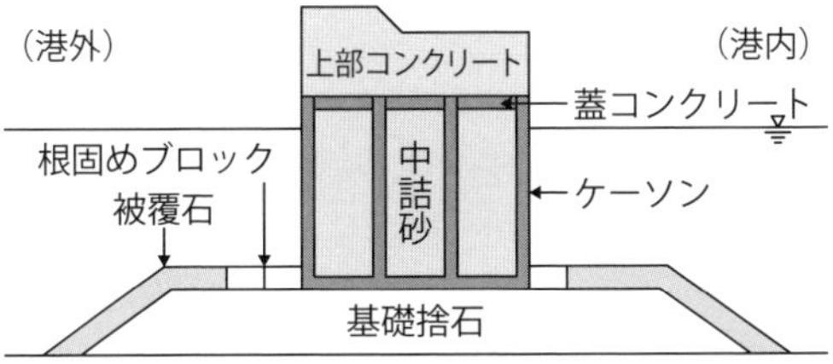

傾斜堤	• 水深の浅い、小規模な防波堤に用いられる。
直立堤	• 地盤が堅固で、波による洗掘のおそれのない場所に用いられる。 • 傾斜堤より使用する材料は少ないが、波の反射が大きい。
混成堤	• 捨石部と直立部の両方を組み合わせることから、防波堤を小さくすることができる。

■ケーソン式防波堤の施工

- ケーソンの構造は、水位を調整しやすいように、それぞれの隔壁《かくへき》に通水孔を設ける。
- ケーソンの据付けは、起重機船や引き船などを併用し、ワイヤー操作によってケーソンの位置を決めて注水しながら徐々に沈設する。
- ケーソンの底面が据付け面に近づいたら、注水を一時止め、潜水士によって正確な位置を決めたのち、ふたたび注水して正しく据え付ける。
- ケーソンは、据付け後すぐにケーソン内部に中詰めを行い、安定を高める。
- 中詰め後は、波によって中詰め材が洗い出されないように、ケーソンに蓋となるコンクリートを打設する。
- 波浪や風などの影響でえい航直後の据付けが困難な場合には、波浪のない安定した時期まで沈設して仮置きする。

ここに注意！ 悪天候時の施工

- 大型起重機船を使用しても、気象・海象の悪いときは、ケーソンの据付けを施工しない。

第2章 専門土木

Lesson 17

浚渫工

一次

非航式グラブ浚渫船の船団

非公式のファン・クラブ
（非航式グラブ浚渫船）

親切ドーンと
（浚渫・土運）

引く手あまたで
（引き船）

意気揚々
（揚錨）

非航式グラブ浚渫《しゅんせつ》船の標準的な船団は，グラブ浚渫船、土運《どうん》船、引き船、自航揚《よう》錨《びょう》船で構成される。

ポンプ浚渫船

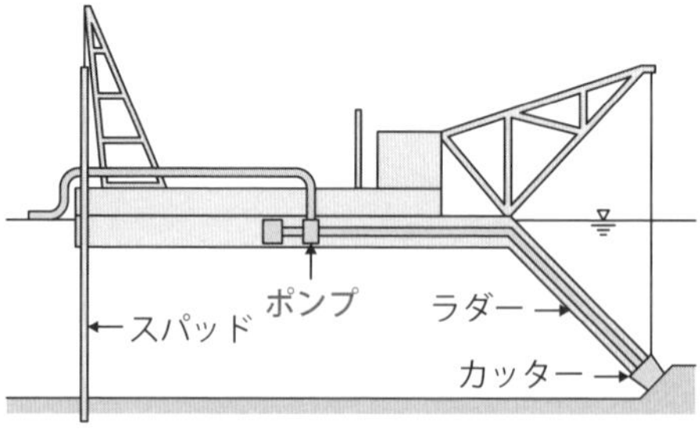

- グラブ浚渫船に比べ、底面を平坦に仕上げるのが易しい。

グラブ浚渫船

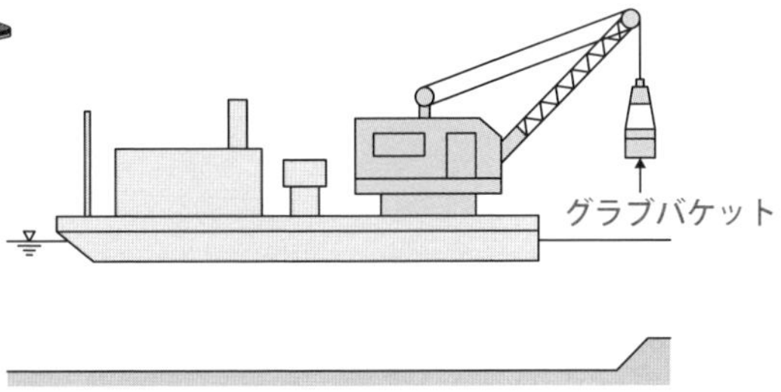

- ポンプ浚渫船に比べ、底面を平坦に仕上げるのが難しい。
- 岸壁など構造物前面の浚渫や狭い場所での浚渫にも使用できる。

■非航式グラブ浚渫船

- 非航式グラブ浚渫船の標準的な船団は、グラブ浚渫船、土運船、引き船、自航揚錨船で構成される。

注意

- グラブ浚渫船と土運船だけで構成されるのではない！

■浚渫後の出来形確認測量

- 出来形確認測量は、原則として音響測深機により、工事現場にグラブ浚渫船がいる間に行う。
- 音響測探機の使用できない浅海部及び構造物前面の測量は、レッド（重錘《じゅうすい》）、スタッフ（箱尺）等で行う。

プラスα　その他の浚渫船

バケット浚渫船	• 大規模で広範囲の浚渫に適する。 • 風浪に対する作業性もよく、浚渫跡が平坦である。
ディッパー浚渫船	• 硬質地盤の浚渫に適する。
バックホゥ浚渫船	• 狭い作業場所や構造物の近くでも作業できる。 • 広範囲の土質に対応できる。
ドラグサクション浚渫船	• 機動性に優れ、航路などの維持作業に使用される。 • 軟弱地盤のほか、砂地盤の浚渫も可能。

第2章
専門土木

Lesson 18

一次

鉄道工事

レールの長さ

手酌で2合
（定尺・25m）
飲んだくれる200名
（ロングレール・200m）

定尺レールとは、長さ25mのレールをいい、ロングレールとは、長さ200m以上のレールをいう。

■軌道の用語

カント	車両が曲線を通過するときに遠心力により外方に転倒することを防止するために外側のレールを高くすること
スラック	曲線部において列車通過を円滑にするため軌間を拡大すること
軌間	列車の車輪が両側のレールに接する位置の最短距離
緩和曲線	鉄道車両の走行を円滑にするため、直線と円曲線間、または2つの曲線間に設けられた特殊な線形
バラスト軌道	道床に敷いたバラストの上にマクラギを並べてレールを敷設した軌道
スラブ軌道	プレキャストのコンクリート版を用いた軌道
レールレベル（RL）	レール頭部の頂面を示す基準面
施工基面（FL）	路盤の高さを示す基準面

軌道の構造

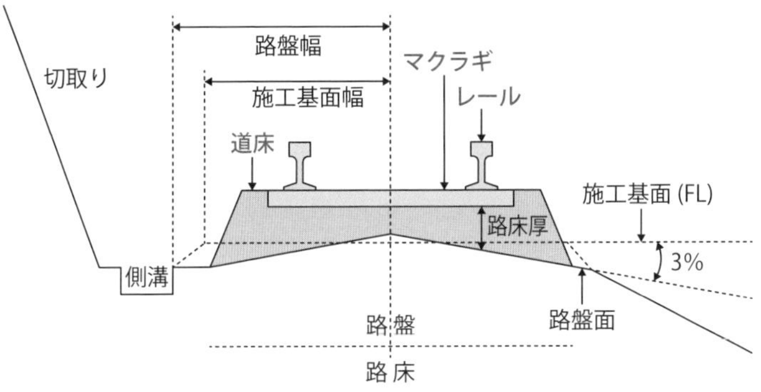

■砕石路盤の施工

- 砕石路盤は、噴泥《ふんでい》が生じにくい材料の多層の構造とし、圧縮性が小さい材料を使用する。
- 敷均しは、モーターグレーダや人力により行い、１層の仕上り厚さが均等になるように敷き均す。
- 敷き均した材料は、降雨などにより適正な含水比に変化を及ぼさないよう、原則として排水勾配をつけ、締固めをその日のうちに完了させる。
- 締固めは、ローラで一通り軽く転圧した後、再び整形して、形状が整ったらロードローラ、振動ローラ、タイヤローラなどを併用して十分に締め固める。

■道床バラスト

- 道床に用いるバラストは、単位容積重量が大きく、吸水率が小さい、適当な粒径・粒度を持つ材料を使用する。
- バラスト道床の砕石は、強固で耐摩耗《たいまもう》性に優れ、せん断抵抗角の大きいものを選定する。

プラスα　道床バラストに砕石が使われる理由

- 荷重の分布効果に優れている。
- マクラギの移動を抑える抵抗力が大きい。
- 列車荷重や振動に対して崩れにくい。

Lesson 19　一次

鉄道営業線近接工事

保安対策

銃器の扱い
（重機械作業）

列車が来たら一時中止
（列車接近時は一時中止）

営業線に近接した重機械による作業は、列車の近接から通過の完了まで作業を一時中止する。

工事の管理体制

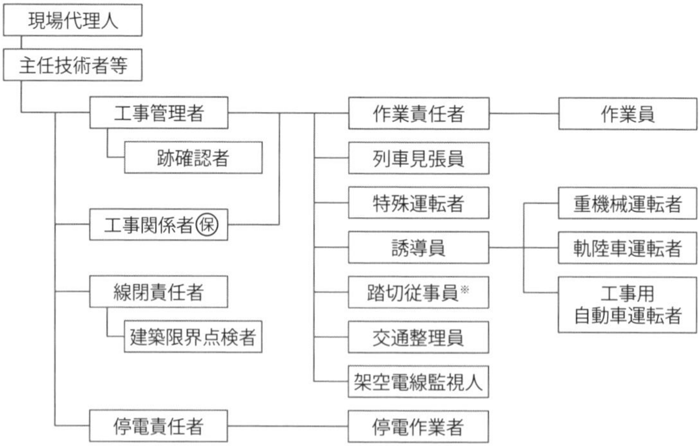

※踏切従事員とは、工事関係者㊝または踏切警備員をいう。

■工事従事者の配置

工事管理者	• 工事現場ごとに専任の者を常時配置。必要により複数配置する。
線閉《せんぺい》責任者	• 資格を有する工事管理者または軌道工事管理者がなる。
列車見張員	• 工事現場ごとに専任の者を常時配置。必要により複数配置する。

列車見張員の役目

- 列車等の接近の予告及び退避の合図
- 列車等の進来、通過の監視
- 工事管理者からの退避完了合図の確認
- 列車乗務員に対する退避完了の合図

■建築限界・車両限界

建築限界	• 建造物等が入ってはならない空間を示す。 • 車両限界の外側に最小限必要な余裕空間を確保したもの。 • 曲線における建築限界は、車両の偏《へん》い（はみだし）に応じて拡大する。
車両限界	• 車両が超えてはならない空間を示す。

■保安対策

- 営業線に近接した重機械による作業は、列車の近接から通過の完了まで作業を一時中止する。
- ダンプ荷台やクレーンブームは、これを下げたことを確認してから走行する。
- き電線に接近する恐れのあるものは、所定の手続きによって電車等の停電手配をして作業する。
- 信号区間のときは、バール・スパナ・スチールテープなどの金属による短絡（ショート）を防止する。
- 複線以上の路線での積おろしの場合は、列車見張員を配置し、建築限界をおかさないように材料を置く。
- 営業線での安全確保のため、所要の防護柵を設け定期的に点検する。

プラスα　特殊列車見張員

- 軌道保守工事・作業及び鉄道会社が指定した一部の土木工事に従事する場合は、「特殊列車見張員」の認定が必要となる。

Lesson 20

一次

シールド工法

泥水式シールド工法

泥酔すると
（泥水シールド）
大きいケーキは
（大きい径の礫）
無理だよ

泥水式シールド工法は、大きい径の礫の排出には適さず、配管やポンプで閉そくが生じないように、除去または破砕などにより確実に処理しなければならない。

シールド工法の種類

- シールド
  - 密閉型
    - 土圧式
      - 土圧
      - 泥土圧
    - 泥水式
  - 開放型
    - 部分開放型
      - ブラインド式
    - 全面開放型
      - 手掘り式
      - 半機械掘り式
      - 機械掘り式

土圧式シールド工法	• 切羽の土圧と掘削した土砂が平衡《へいこう》を保ちながら掘進する工法。 • 一般に、粘性土地盤に適する。
泥水式シールド工法	• 泥水を循環させて切羽の安定を保つと同時に、カッターで切削された土砂を泥水とともに坑外まで流体輸送する工法。 • 大きい径の礫の排出に適さない。
泥土圧式シールド工法	• 掘削した土砂に添加材を注入して泥土状とし、その泥土圧を切羽全体に作用させて平衡を保つ工法。

シールドマシン

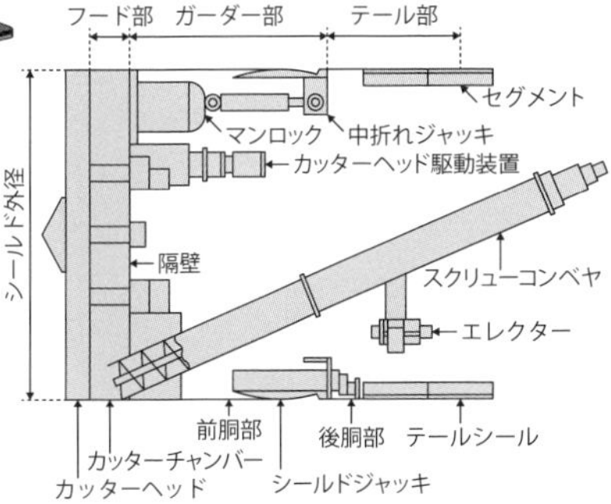

土圧式シールド

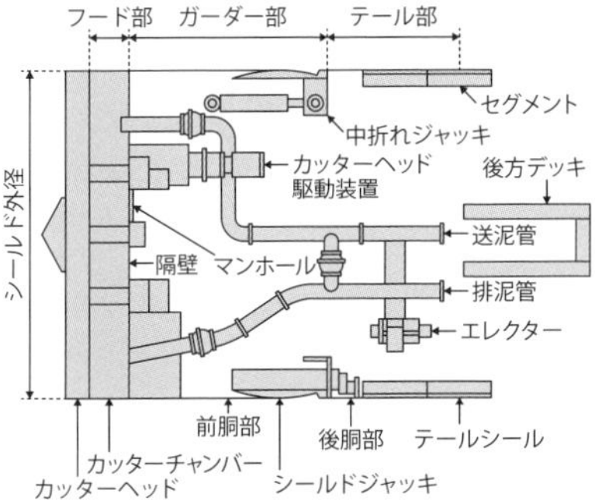

泥水式シールド

フード部	トンネルを掘削する切削機械を備えている。
ガーダー部	カッターヘッド駆動装置、排土装置を備え、ジャッキでの推進作業ができる。
テール部	セグメントの組立て、覆工作業を行う。

プラスα シールド工法

- シールド工法は、シールドをジャッキで推進し、掘削しながらコンクリート製や鋼製のセグメントで覆工を行う工法である。
- 開削工法が困難な都市部の下水道工事や地下鉄工事などで用いられる。

第２章

専門土木

Lesson 21

一次

上水道工事

上水道管の布設

苦節を乗り越え
（布設）
低みから高みへ
（低所から高所へ）
受け口で高みへ
（受口を高所に向ける）

管の布設作業は、原則として低所から高所に向けて行い、受口のある管は受口を高所に向けて配管する。

■配水管の種類

ダクタイル鋳鉄《ちゅうてつ》管	管体強度が大きく、じん性に富み、衝撃に強く、施工性もよい。
鋼管	管体強度が大きく、じん性に富み、衝撃に強いが、外面を損傷すると腐食しやすい。
硬質ポリ塩化ビニル管	内面粗度が変化せず、耐食性に優れ、質量が小さく施工性がよい。
ステンレス鋼管	管体強度が大きく、耐久性があり、ライニング、塗装を必要としない。

上水道管の布設

- 管の布設作業は、原則として低所から高所に向けて行い、受口のある管は受口を高所に向けて配管する。

管の切断

- 管の切断にあたっては、切断線の標線を管の全周にわたって入れる。
- 管の切断は、管軸に対して直角に行う。
- ダクタイル鋳鉄管の切断は、切断機で行うことを標準とする。
- 異形管は切断してはならない。

管の接合

- ダクタイル鋳鉄管 … グリースなどの油類は使用しないようにし、ダクタイル鋳鉄管用の滑剤を使用する。
- ポリエチレン管 … 削り残しなどの確認を容易にするため、切削面にマーキングをする。
- ステンレス鋼管 … 異種金属と接続させる場合は絶縁処理を必要とする。

継手

- ダクタイル鋳鉄管に用いるメカニカル継手は、伸縮性や可とう性があるため地盤の変動に対応できる。
- 鋼管に用いる溶接継手は、管と一体化して地盤の変動に対応できる。

管の据付け

- 管の据付けは、施工に先立ち十分に管体検査を行い、亀裂その他の欠陥がないことを確認する。
- 管の据付けは、水平器、水糸などを使用し、中心線及び高低を確定して正確に据え付ける。
- ダクタイル鋳鉄管の据付けにあたっては、表示記号のうち、管径、年号の記号を上に向けて据え付ける。
- 鋼管の据付けは、管体保護のため基礎に良質の砂を敷き均す。

■その他の注意事項

- 急勾配の道路に沿って管を布設する場合には、管体のずり下がり防止のための止水壁を設ける。
- 管を掘削溝内につりおろす場合は、つり荷の下に作業員を立ち入らせない。
- 管周辺の埋戻しは、現地盤と同程度以上の密度になるように管の両面から均等に完了させる。

第2章
専門土木

Lesson 22

下水道工事

一次

下水道管渠の基礎工

まくら木で作った
（まくら木基礎）
はしごを
（はしご胴木基礎）
鳥居にかける
（鳥居基礎）

地盤がやや軟弱な場合にはまくら木基礎、地盤が軟弱な場合や、地質・上載荷重が不均等な場合にははしご胴木基礎、極めて軟弱な地盤でほとんど地耐力が期待できない場合には鳥居基礎が用いられる。

下水道管渠《かんきょ》の接合

水面接合

- おおむね計画水位を一致させて接合する方法である。

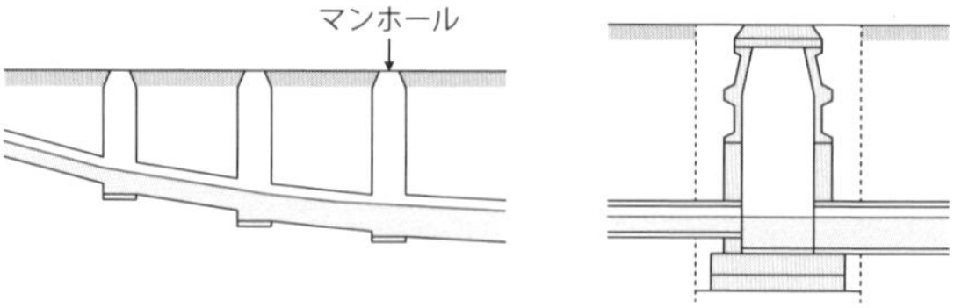

管頂接合

- 下流が下り勾配の地形に適し、下流ほど管渠の埋設深さが増して工事費が割高になる場合がある。

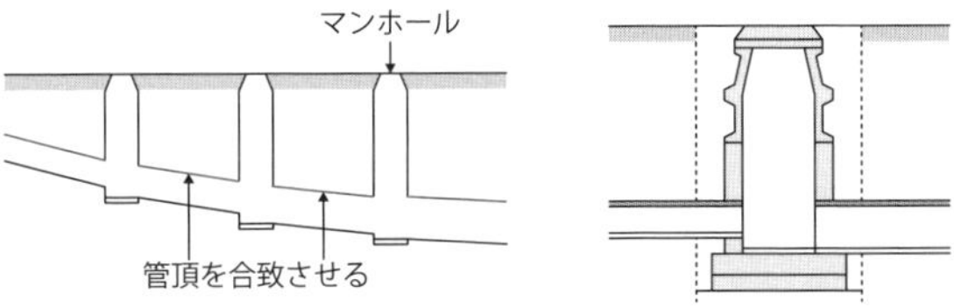

管底接合

- 上流が上がり勾配の地形に適し、ポンプ排水の場合は有利である。

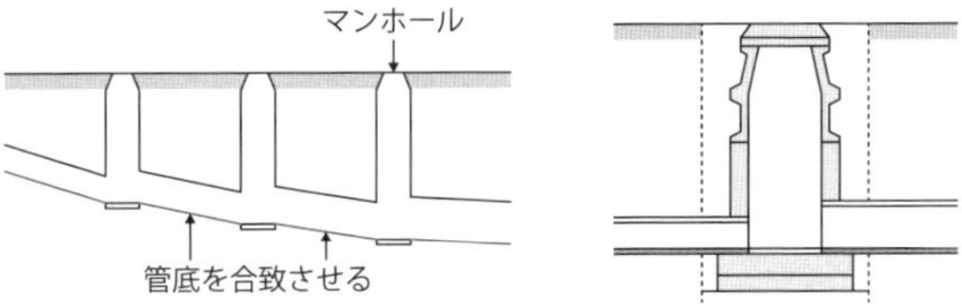

管中心接合

- 管渠の中心を一致させ接合する方式である。

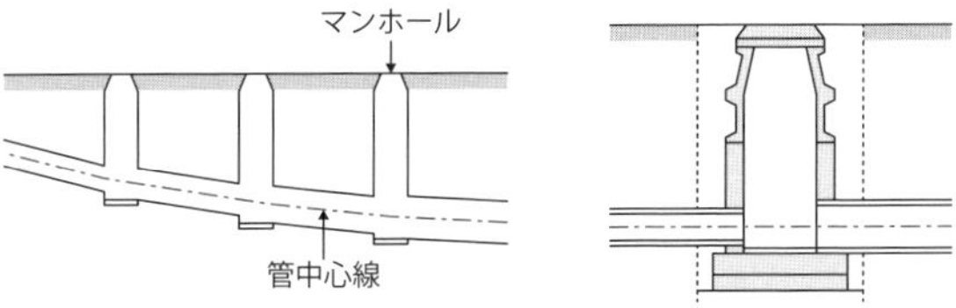

階段接合・段差接合

- 地表勾配が急な場合に用いられる。

■土質と基礎工の適用

土　質	基礎工
硬質粘土・礫混じり土・礫混じり砂	砂基礎、砕石基礎
シルト・有機質土	コンクリート基礎
砂・ローム・砂質粘土	まくら木基礎
非常にゆるいシルト・有機質土	はしご胴木基礎

第3章 法規

Lesson 01

労働基準法

一次

労働時間と休憩時間

記録を超えたら
(6時間を超える)
祝杯はしご
(45分)
やけっぱちなら1軒だけ
(8時間)　(1時間)

使用者は、労働時間が6時間を超える場合は少なくとも45分、8時間を超える場合は少なくとも1時間の休憩時間を与えなければならない。

■賃金の支払い

賃　金	• 賃金、給料、手当、賞与など労働の対償として使用者が労働者に支払うすべてのもの。 • 原則として通貨で、直接労働者に、その全額を支払わなければならない。

注意 • 未成年者に対する賃金は、親権者や後見人に支払ってはならない。

■労働時間、休憩、休日

労働時間	1週間	40時間を超えてはならない。
	1日	8時間を超えてはならない。

災害その他避けることのできない事由によって臨時の必要がある場合⇒必要の限度において労働時間を延長し、または休日に労働させることができる。

休憩	労働時間の途中において、一斉に与えなければならない。
休日	4 週間を通じ 4 日以上の休日を与える場合を除き、毎週少なくとも 1 回。
有給休暇	雇入れの日から起算して 6 箇月間継続勤務し、全労働日の 8 割以上出勤した労働者に対して与えなければならない。

■年少者の就業

- 児童が満 15 歳に達した日以後の最初の 3 月 31 日が終了後に可能。
- 満 18 歳に満たない者については、証明する戸籍証明書を事業場に備え付ける。

満 18 歳未満の者を就かせてはならない主な業務

- 20kg 以上の重量物を継続的に取り扱う業務（女性の場合は 15kg 以上）
- 坑内の作業
- クレーン、デリックまたは揚貨装置の運転の業務
- 運転中の機械の危険な部分の掃除、注油、検査もしくは修繕
- 著しくじんあい、もしくは粉末を飛散する場所における業務

■災害補償

療養補償	使用者が療養費を負担。
休業補償	療養期間中の平均賃金の 100 分の 60。
障害補償	障害の程度に応じて行う。

休業補償・障害補償を行わなくてもよい場合⇒労働者が重大な過失によって業務上負傷し、かつ使用者がその過失について行政官庁の認定を受けた場合。

打切補償⇒療養開始後 3 年を経過しても負傷・疾病が治らない場合は、平均賃金の 1200 日分の打切補償を行えば、その後は補償を行わなくてもよい。

プラスα　補償を受ける権利

- 退職によって変更されることはない。
- 譲渡し、または差し押さえてはならない。

第3章
法　規

Lesson 02

労働安全衛生法

一次

作業主任者の選任

ごめん！
(5m)
明日の組立てと解体の
(足場の組立て、解体)
作業をお願い！
(作業主任者を選任)

高さが5m以上の足場の組立て、解体の作業は、作業主任者の選任を必要とする。

■安全衛生管理体制

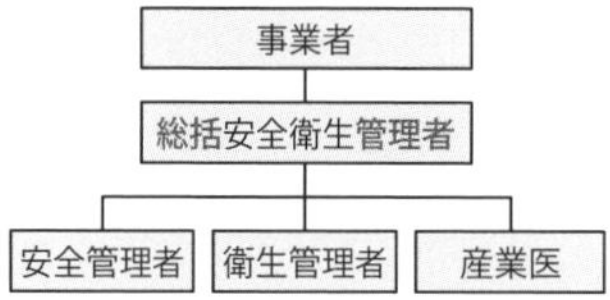

単一企業100人以上の事業場

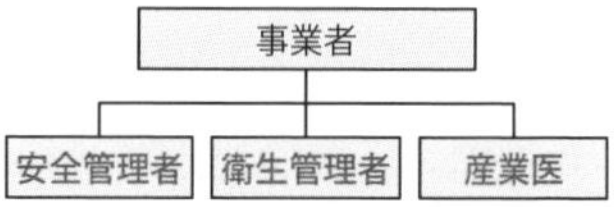

単一企業50人以上の事業場

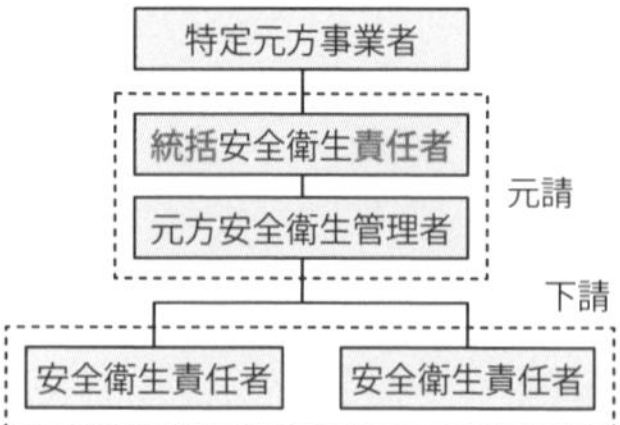

元請・下請合わせて常時50人以上の事業場

労働安全衛生法

■特別の教育を行わなければならない主な業務

- アーク溶接機を用いて行う金属の溶接、溶断等の業務
- 建設用リフトの運転の業務
- ゴンドラの操作業務
- 高圧室内作業に係る業務
- 酸素欠乏危険場所における作業に係る業務

■作業主任者を選任すべき主な作業

- 掘削面の高さが 2m 以上となる地山の掘削作業
- 土止め支保工の切りばり・腹起こしの取付け、取外しの作業
- 型枠支保工の組立て、解体の作業
- 高さ 5m 以上の足場の組立て、解体の作業

■作業主任者の選任を必要としない作業

- ブルドーザの掘削、押土の作業
- 道路のアスファルト舗装の転圧作業
- 既製コンクリート杭の杭打ち作業

■労働基準監督署長への届出が必要な主な工事

- 最大支間 50m 以上の橋梁の建設等の仕事
- ずい道等の内部に労働者が立ち入るずい道等の建設等の仕事
- 掘削の高さ・深さが 10m 以上である地山の掘削の作業を行う仕事
- 圧気工法による作業を行う仕事

注意

- 掘削の深さが 10m 未満の地山の掘削の作業を行う仕事は、計画の届出を必要としない。

プラスα　安全衛生教育を行わなければならないとき

- 労働者を雇い入れたとき
- 労働者の作業内容を変更したとき
- 危険または有害な業務で法令に定めるものに労働者をつかせるとき

第3章
法　規

Lesson 03 一次

建設業法

専任の主任技術者の配置

皇居に大勢集まって
(公共)　(多数が利用)
制限以上になったら
(規定の請負金額以上)
現場の主任は
(現場の主任技術者)
1000人にしてね
(専任)

公共性のある施設や多数の者が利用する施設に関する重要な工事で、請負代金の額が規定の金額以上になる場合、工事現場ごとに専任の主任技術者を置かなければならない。

■元請負人の義務

下請負人の意見の聴取

- 元請負人は、請け負った建設工事を施工するために必要な工程の細目、作業方法を定めようとするときは、あらかじめ下請負人の意見を聞かなければならない。

下請代金の支払い

- 元請負人は、前払金の支払いを受けたときは、下請負人に対して、資材の購入など建設工事の着手に必要な費用を前払金として支払うよう適切な配慮をしなければならない。

■主任技術者・監理技術者

- 建設業者は、その請け負った建設工事を施工するときは、元請、下請にかかわらず、原則として、主任技術者を置かなければならない。
- 発注者から直接建設工事を請け負った特定建設業者は、その下請契約の請負代金の額が政令で定める金額以上の場合には、監理技術者を置かなければならない。

> **主任技術者・監理技術者の職務**
> - 施工計画の作成、工程管理、品質管理その他の技術上の管理
> - 建設工事の施工に従事する者の技術上の指導監督
>
> 注意
> - 下請負人との契約事務は、主任技術者・監理技術者の職務に含まれない。

- 工事現場における建設工事の施工に従事する者は、主任技術者・監理技術者がその職務として行う指導に従わなければならない。

■施工体制台帳と施工体系図

- 発注者から直接建設工事を請け負った特定建設業者は、その下請契約の請負代金の額が政令で定める金額以上の場合には、施工体制台帳を作成し、工事現場ごとに備え置かなければならない。
- 施工体制台帳を作成する特定建設業者は、当該建設工事における施工の分担関係を表示した施工体系図を作成し、これを当該工事現場の見やすい場所に掲げなければならない。
- 施工体系図は、下請負人ごとに、かつ、各下請負人の施工の分担関係が明らかとなるよう系統的に表示して作成しなければならない。

■建設業者の努力義務

- 建設業者は、施工技術の確保に努めなければならない。

プラスα 現場代理人

- 請負人に代わって法律行為を行う現場代理人は、主任技術者及び監理技術者がこれを兼ねることができる。

第3章

法 規

Lesson 04

一次

道路関連法令

車両制限令

ふたごの母
(2.5m・幅)

散髪代高いし
(3.8m・高さ)

日ごとに長くなるし
(12m・長さ)

二重の掃除量
(20t・総重量)

車両制限令において、最高限度は、幅2.5m、高さ3.8m、長さ12m、総重量20tである。

道路の占用許可

- 設置と継続的使用に道路管理者の許可を必要とするもの

①電柱、電線、変圧塔、郵便差出箱、広告塔その他これに類するもの
②水管、下水道管、ガス管その他これに類するもの
③鉄道、軌道その他これに類するもの
④歩廊、雪よけその他これに類するもの
⑤地下街、地下室、通路、浄化槽その他これに類するもの
⑥露店、商品置場その他これに類するもの
⑦道路の構造または交通に支障を及ぼすおそれのあるもので政令で定めるもの

車両制限令

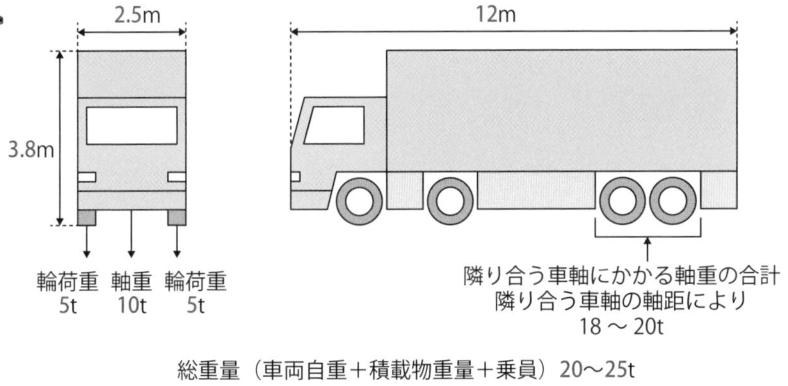

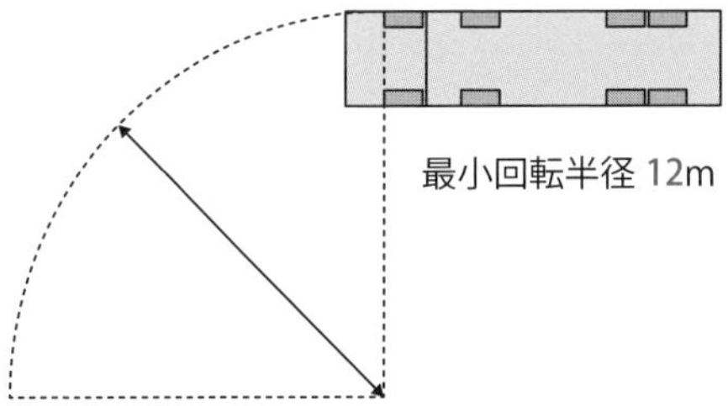

①幅 2.5 m

②車両の重量

- 総重量

  高速自動車国道または道路管理者が指定した道路は 25t

  その他の道路を通行する車両にあっては 20 t

- 軸重 10 t
- 輪荷重 5 t

③高さ 3.8 m

④長さ 12 m

⑤最小回転半径

車両の最外側のわだちについて 12 m

Lesson 05

一次

河川法

河川法の目的

暴利をむさぼる
（災害防御・水利）
悪徳生保
（環境整備・保全）

河川法の目的は、災害の防止、河川の適正な利用、流水の正常な機能の維持、及び河川環境の整備と保全である。

■河川と河川管理施設

- 河川法にいう河川とは、一級河川および二級河川をいい、これらの河川に係る河川管理施設を含む。

河川管理施設 … ダム、堰、水門、堤防、護岸、床止め、樹林帯など。

■河川管理者

一級河川	国土交通大臣
二級河川	都道府県知事
準用河川	市町村長

■河川区域と河川保全区域

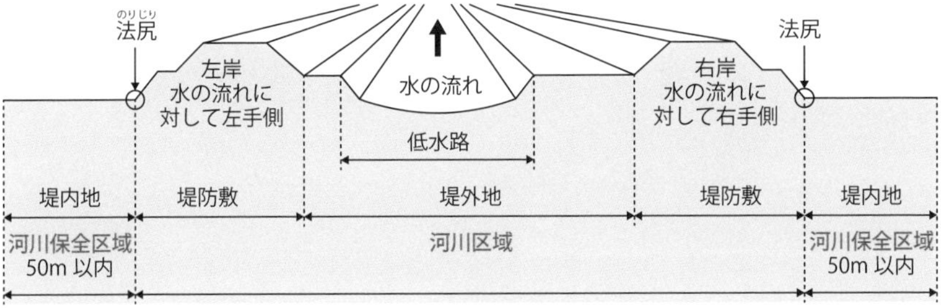

河川管理者の許可

河川区域内で河川管理者の許可が必要な行為

- 工作物の新築、改築、除却
- 土地の掘削、盛土、切土《きりど》
- 工事用材料置場の設置
- 工事用桟橋《さんばし》の設置
- 河川の地下を横断する下水道トンネルの設置
- 河川の上空を横断する送電線の設置
- 土砂の採取
- 竹林の植栽、伐採《ばっさい》

河川区域内で河川管理者の許可が不要な行為

- 下水処理場の排水口の付近に積もった土砂の排除
- 現場練りコンクリートに用いる少量の水をバケツで汲み上げる行為

プラスα 河川保全区域

- 河岸または河川管理施設を保全するために河川管理者が指定した区域。
- 河川保全区域は、河川区域には含まれない。

ここに注意！ 河川管理施設

- 「洪水防御を目的とするダムは、河川管理施設には該当しない。」とする選択肢は誤りだ。気をつけよう！

Lesson 06

一次

建築基準法

主要構造部

主要構造部は

2K
（壁・階段）

2H
（柱・はり）

2Y
（床・屋根）

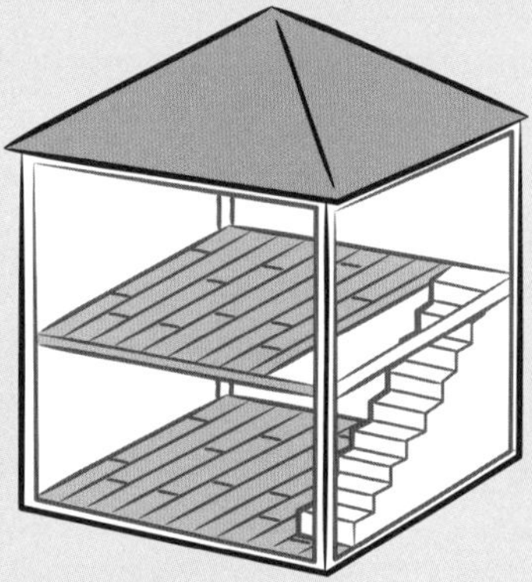

建築基準法にいう主要構造部とは、壁、柱、床、はり、屋根または階段をいう。

■建築基準法上の用語

建築物	土地に定着する工作物のうち、屋根・柱・壁を有するものとこれに附属する門・塀、観覧のための工作物や地下・高架の工作物内に設ける事務所、店舗等をいい、建築設備を含むものである。 注意 ・塀も建築物である。
特殊建築物	学校、体育館、病院、劇場、旅館、工場、倉庫、自動車車庫等をいう。
建築設備	建築物に設ける電気、ガス、給水、換気、冷暖房等の設備、または煙突、昇降機、避雷針をいう。

主要構造部	壁、柱、床、はり、屋根または階段をいい、建築物の構造上重要でない間仕切壁、間柱、付け柱、揚げ床、最下階の床、回り舞台の床、小ばり、ひさし、局部的な小階段、屋外階段その他これらに類する建築物の部分を除くものである。
容積率	建築物の延べ面積の敷地面積に対する割合。 $\frac{\text{延べ面積}}{\text{敷地面積}}$ （× 100%）
建蔽率	建築物の建築面積の敷地面積に対する割合。 $\frac{\text{建築面積}}{\text{敷地面積}}$ （× 100%）

■道路と接道義務

- 道路とは、道路法、都市計画法などによる道路で、原則として幅員 4m 以上でなければならない。
- 建築物の敷地は、原則として道路に 2m 以上接しなければならない。

仮設建築物（延べ面積 $50m^2$ 超）の規制緩和

建築基準法の規定が適用されないもの
①建築確認申請手続き
②建築工事の完了検査
③建築物を新築・除却する場合の届出
④接道義務の規定
⑤容積率の規定
⑥建蔽率の規定

建築基準法の規定が適用されるもの
①建築物の自重、積載荷重、風圧及び地震等に対する安全な構造
②防火地域・準防火地域内の屋根の構造

ここに注意！ 仮設建築物の除去

- 仮設建築物は、一定期間経過後に確実に除去されることを前提としており、除去の際に届出の必要はない。

第3章 法規

Lesson 07

一次

火薬類取締法

固化したダイナマイト

ダイナマイト級の肩こりは
(固化したダイナマイト等)
よくもみほぐして
(もみほぐす)

消費場所において火薬類を取り扱う場合、固化したダイナマイト等はもみほぐさなければならない。

■火薬庫

- 火薬庫を設置・移転、またはその構造・設備を変更しようとする者は、原則として都道府県知事の許可を受けなければならない。

貯蔵上の取扱い

- 火薬庫の境界内には、必要がある者以外は立ち入ってはならない。
- 火薬庫の境界内には、爆発、発火、または燃焼しやすい物を堆積しない。
- 火薬庫内には、火薬類以外の物を貯蔵しない。
- 火薬庫は、貯蔵以外の目的のために使用しない。
- 火薬庫内に入る場合には、原則として、鉄類もしくはそれらを使用した器具、携帯電灯以外の灯火を持ち込まない。
- 火薬庫内に入る場合には、あらかじめ定めた安全な履物を使用し、原則として、土足で出入りしない。
- 異った貯蔵火薬類の区分に属する火薬類を、同一の火薬庫に貯蔵してはならない。

火薬類の存置・運搬

- 火薬類取扱所に存置することのできる火薬類の数量は、１日の消費見込量以下とする。
- 火薬類を存置・運搬するときは、火薬、爆薬、導火線と火工品とをそれぞれ異なった容器に収納する。
- 火工所に火薬類を存置する場合には、常時見張人を配置する。

火薬類の取扱い

- 18 歳未満の者は、火薬類の取扱いをしてはならない。
- 消費場所で火薬類を取り扱う者は、腕章を付ける等、他の者と容易に識別できる措置を講じなければならない。
- 薬包に雷管を取り付ける作業は、火工所以外の場所で行ってはならない。
- 火薬類取扱所及び火工所の責任者は、火薬類の受払い及び消費残数量をそのつど明確に帳簿に記録する。
- 火薬類を装填《そうてん》する場合の込物は、砂その他の発火性・引火性のないものを使用し、かつ、摩擦・衝撃・静電気等に対して安全な装填機、または装填具を使用する。
- 火薬類を収納する容器は、木その他電気不良導体で作った丈夫な構造のものとし、内面には鉄類を表さない。

■届出と許可

運搬	出発地を管轄する都道府県公安委員会に届出
爆発・燃焼	都道府県知事の許可
廃棄	都道府県知事の許可

プラスα 発破

- 火薬類の発破を行う場合には、前回の発破孔を利用して、削岩・装填してはならない。
- 電気発破において発破母線を敷設する場合は、電線路その他の充電部または帯電するおそれが多いものから隔離する。

Lesson 08　一次

騒音・振動規制法

騒音・振動の規制基準値

うるさい屋根工事
(騒音)　(85dB)
揺れで家族も和まない
(振動)　(75dB)

騒音は騒音規制法により85dB以下に、振動は振動規制法により75dB以下に抑えなければならないと定められている。

■騒音規制法の主な特定建設作業

• 1日の移動距離が50mを超えないさく岩機を使用した作業
• ディーゼルハンマによる杭打ち作業
• バックホゥを使用する作業
• ブルドーザを使用する作業

■振動規制法の主な特定建設作業

• 1日の移動距離が50mを超えないブレーカーを使用した作業
• ディーゼルハンマによる杭打ち作業
• 舗装版破砕機を使用する作業
• 鋼球を使用して建築物その他の工作物を破壊する作業

■騒音・振動規制地域の指定者と測定者

指定者	測定者
都道府県知事または市長	市町村長

■騒音・振動の規制値

	騒音	振動
規制値	85dB	75dB
測定箇所	特定建設作業場所の敷地境界線	

特定建設作業の届出

- 指定地域内において特定建設作業を伴う建設工事を施工しようとする者は、特定建設作業の開始日の７日前までに市町村長に届け出なければならない。

主な届出事項

①施工者の氏名または名称及び住所
②建設工事の目的に係る施設または工作物の種類
③特定建設作業の種類
④特定建設作業に使用される機械の名称、型式および仕様
⑤特定建設作業の場所、実施の期間、作業時間
⑥騒音・振動の防止方法
⑦添付資料として、工事工程表と作業場所の見取り図

注意

- 特定建設作業を行う者の特定建設作業の施工実績は、届出事項に含まれない。

ここに注意！ 特定建設作業の対象とならない作業

- 作業を開始した日に終わるものは、特定建設作業に含まれない。
- 振動ローラによる作業は、騒音・振動のいずれにおいても特定建設作業に含まれない。

Lesson 09

一次

港則法

港長への届出と許可

「入稿したものを
(入港)
出張先に届けて」って
(出港)　(届出)
今日か？
(許可)
詐欺かもしれない
(作業)

船舶が特定港に入港または出港しようとするときは、港長へ届出が必要。また特定港で作業を行うときは、港長の許可が必要。

■港長への届出と港長の許可

港長に届け出るもの
• 特定港への入港・出港 • 特定港内での汽艇等以外の船舶の修繕・係船
港長の許可が必要なもの
• 特定港における危険物の積込み・積替え・荷卸《におろ》し • 特定港内・特定港境界付近での危険物の運搬 • 特定港内・特定港境界付近での工事・作業

■航路

- 汽艇等以外の船舶は、特定港に出入し、または特定港を通過するときは、国土交通省令で定める航路を通らなければならない。
- 船舶は、航路内においては、原則として、投びょうし、またはえい航している船舶を放してはならない。

航法

- 航路に出入りしようとする船舶は、航路を航行する他の船舶の進路を避けなければならない。
- 航路内においては、並列して航行してはならない。
- 航路内において、他の船舶と行き会うときは、右側を航行しなければならない。
- 航路内においては、他の船舶を追い越してはならない。
- 汽船が、港の防波堤の入口で他の汽船と出会うおそれのあるときは、入航する汽船は防波堤の外で出航する汽船の進路を避けなければならない。
- 防波堤、埠頭または停泊船などを右げんに見て航行するときは、できるだけこれに近寄り、左げんにみて航行するときは、できるだけこれから遠ざかって航行しなければならない。
- 汽艇等は、港内においては、汽艇等以外の船舶の進路を避けなければならない。
- 小型船は、船舶交通が著しく混雑する特定港内においては、小型船及び汽艇等以外の船舶の進路を避けなければならない。

プラスα　法令上の定義

汽船……機械力をもって運航する装置を有する船舶。

汽艇等…汽艇（総トン数 20 トン未満の汽船）、はしけ及び端舟その他、ろかいのみをもって運転し、または主としてろかいをもって運転する船舶。

特定港…喫水の深い船舶が出入りできる港または外国船舶が常時出入する港であって、政令で定めるもの。

第4章 共通工学

Lesson 01 一次

測 量

トータルステーションの機能

「トータル駅」から
（トータルステーション）
角ばった
（角度測定機能）
長距離列車に乗る
（距離測定機能）

トータルステーションはセオドライトの角度測定機能と光波測距儀の距離測定機能の両方を併せ持つ。

トータルステーションの直線の延長

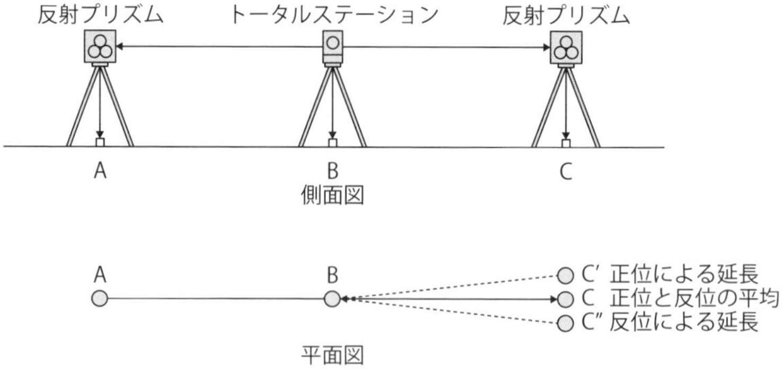

- 望遠鏡正位の視準による観測と、反転させて望遠鏡反位の視準による観測を行い、その平均値をとる。

水準測量

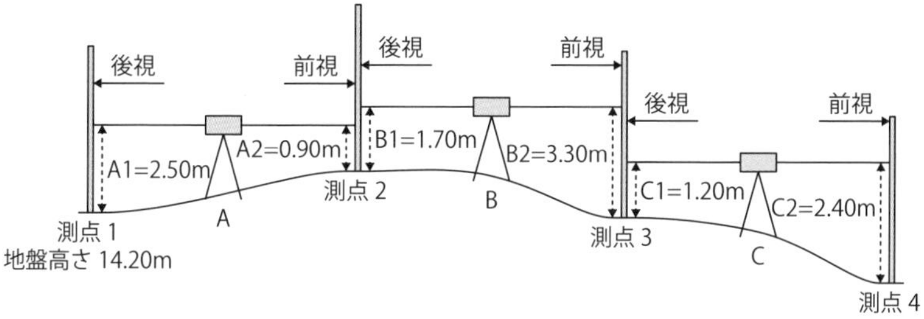

昇降式野帳計算例

測点	後視（m）	前視（m）	高低差		地盤高
			昇（＋）	降（－）	
測点1	2.50				14.20
測点2	1.70	0.90	1.60		15.80
測点3	1.20	3.30		1.60	14.20
測点4		2.40		1.20	13.00

- 1級～4級水準測量は1往復観測、簡易水準測量は片道とする。
- 標尺は2本1組とし、往路と復路で標尺を交換する。
- レベルと、後視または前視の標尺との距離を等しくする。
- 固定点間の測点数は偶数とする。

プラスα　トータルステーションによる測量の利点

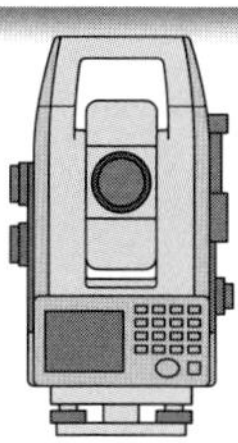

- 1回の視準で、測距《そっきょ》・測角が同時に測定できる。

第4章

共通工学

Lesson 02

一次

公共工事標準請負契約約款

確認請求

ゴビ砂漠で
(誤謬)
水が漏れたら命とり！
(脱漏)
蓋がきちんと合ってるか
(一致しているか)
確認せい!!
(確認請求)

設計図書の誤謬・脱漏、施工条件等と一致しないことを発見したら、直ちに監督員に通知の上、確認請求する。

■設計図書

- 図面
- 仕様書
- 現場説明書及び現場説明に対する質問回答書

注意 • 契約書や実行予算書は、設計図書に含まれない。

■現場代理人

- 現場代理人は、連絡体制が確保される場合には、現場に常駐する義務を要しないこともあり得る。

- 現場代理人、監理技術者等（監理技術者、監理技術者補佐または主任技術者をいう）及び専門技術者は、これを兼ねることができる。

発注者と受注者

発注者

- 工事の中止内容を受注者に通知して、工事の全部または一部の施工を一時中止させることができる。
- 工期の変更については、原則として発注者と受注者が協議して定めるが、特別の理由により工期を短縮する必要があるときは、工期の短縮変更を受注者に請求することができる。
- 天災等の受注者の責任でない理由により工事を施工できない場合は、受注者に工事の一時中止を命じなければならない。
- 工事の完成検査において、工事目的物を最小限度破壊して検査することができ、その検査または復旧に直接要する費用は受注者の負担とする。

受注者

- 工事の全部を一括して第三者に請け負わせることができない。
- 工事現場内に搬入した工事材料を、監督員の承諾を受けないで工事現場外に搬出してはならない。
- 工事の完成、設計図書の変更等によって不用となった支給材料は、発注者に返還しなければならない。
- 天候不良など受注者の責めに帰すことができない事由により工期内に工事を完成することができないときは、発注者に工期の延長変更を請求することができる。

■確認請求

- 受注者は、工事の施工にあたり、次の事実を発見したときは、その旨を直ちに監督員に通知し、その確認を請求しなければならない。

①図面、仕様書、現場説明書及び現場説明に対する質問回答書が一致しないこと
②設計図書に誤謬《ごびゅう》または脱漏《だつろう》があること
③設計図書の表示が明確でないこと
④設計図書に示された自然的・人為的な施工条件と実際の工事現場が一致しないこと

第４章
共通工学

Lesson 03

一次

設　計

現況地盤高と計画高

グラウンドＧ
（G.H.）
Ｆフォーメーションの
（F.H）
現況計画
（現況地盤高・計画高）

現況地盤高を表す記号は G.H.、
計画高を表す記号は F.H. である。

道路の横断面図

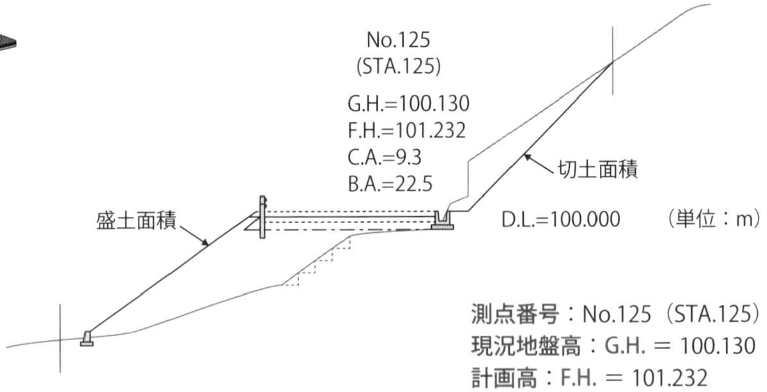

測点番号：No.125（STA.125）
現況地盤高：G.H. ＝ 100.130
計画高：F.H. ＝ 101.232
切土面積：C.A. ＝ 9.3
盛土面積：B.A. ＝ 22.5
基準高：D.L. ＝ 100.000

逆Ｔ型擁壁各部の名称と寸法記号

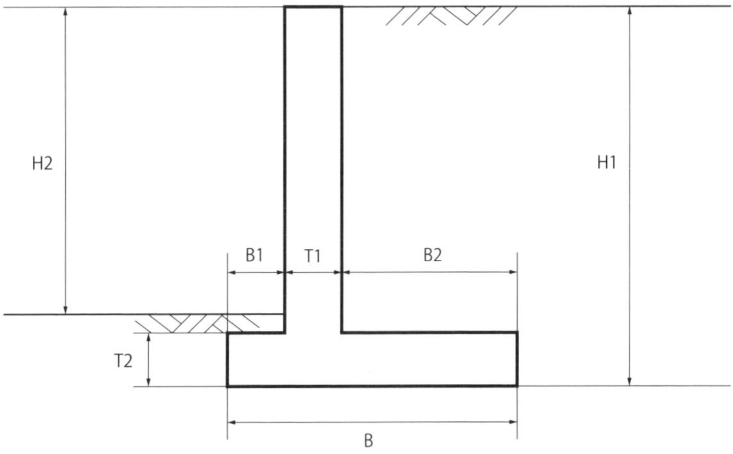

H1：擁壁の高さ
H2：擁壁の見え高
B：底版幅
B1：つま先版幅
B2：かかと版幅
T1：たて壁厚
T2：底版厚

■道路橋の断面図と構造名

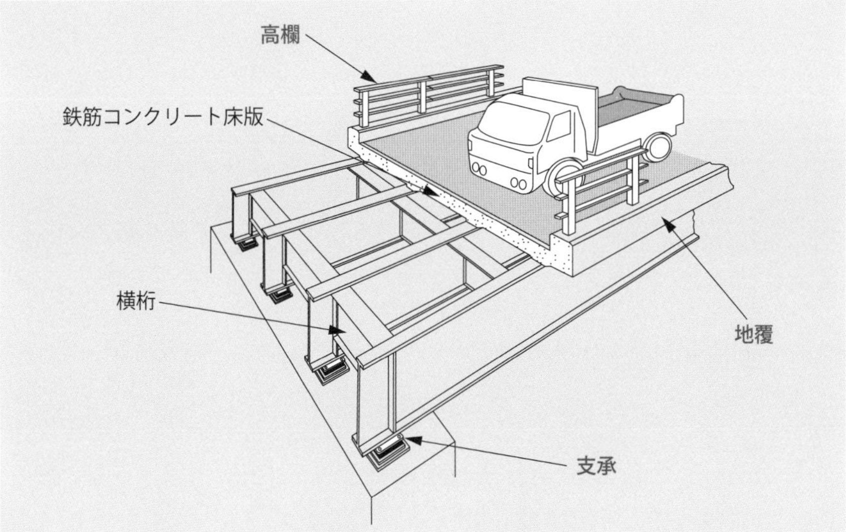

Lesson 01 建設機械

一次

建設機械と性能表示

どーだ、ローラは
(ブルドーザ、ローラ)
重いぞ
(質量)
でも、しゃべる要領はいいよ
(ショベル・容量)

ブルドーザ、ロードローラは質量で、ショベル系機械はバケット容量で性能を表示する。

■建設機械と性能表示

機械名	性能表示
ダンプトラック	最大積載質量（t）
ブルドーザ	質量（t）
ロードローラ	質量（t）
振動ローラ	質量（t）
トラクターショベル	バケット容量（m^3）
バックホゥ	バケット容量（m^3）
モーターグレーダ	ブレード長（m）
クレーン	定格総荷重（t）・作業半径（m）

掘削機械

クラムシェル

- シールド工事の立坑掘削など、狭い場所での深い掘削に適する。

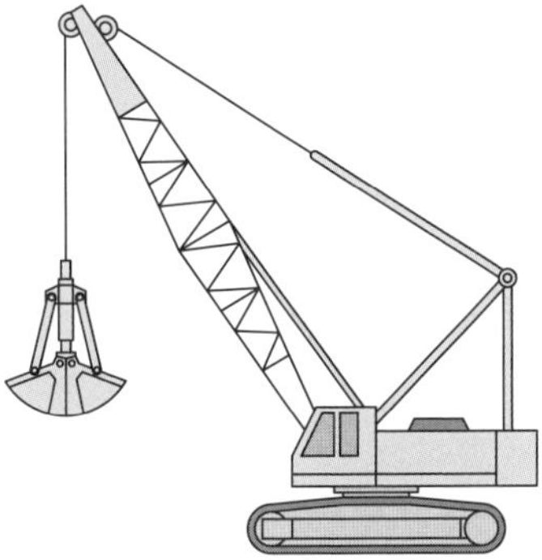

ドラグライン

- 機械の位置より低い場所の掘削に適し、水路の掘削や浚渫などに用いられる。

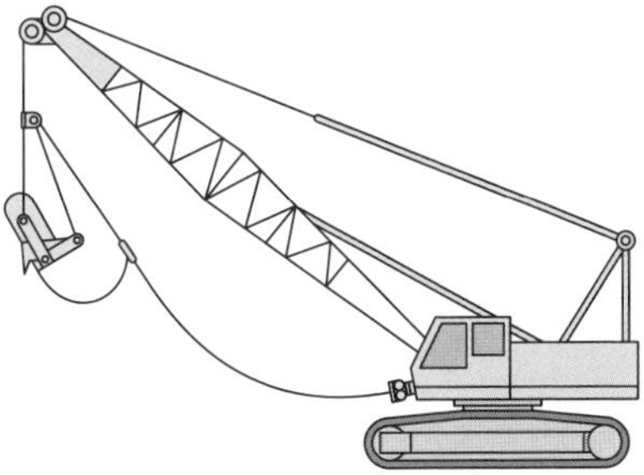

バックホゥ

- 硬い土質の掘削にも適し、機械の地盤より低い場所の垂直掘りなどに使用される。

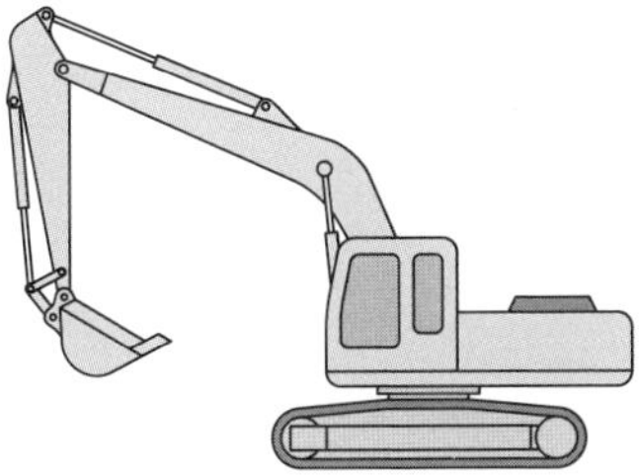

ローディングショベル

- 掘削力が強く、機械の位置よりも高い場所の掘削に適する。

第5章
施工管理法

Lesson 02 一次

施工計画

調達計画

超達者に
（調達計画）
労使が折り合う機会
（労務計画・資材計画・機械計画）

調達計画は、労務計画、資材計画、機械計画が主な内容である。

■事前調査

主な内容

- 契約条件・設計図書の検討による工事内容の把握と現地調査。

契約条件	現地調査
①契約書の確認 ②設計図書の確認 ③工事数量の確認 ④その他、工事が施工される都道府県・市町村の各種条例の確認等	①自然条件（地質・地下水・湧水等） ②資機材（調達の可能性、適合性、調達先等） ③輸送・用地（道路状況、工事用地等） ④近隣環境（現場用地の状況、近接構造物、地下埋設物等）

注意
- 把握対象とは無関係な事項が紛れ込んでいる選択肢がよく出題される。気をつけよう！

■各種計画の主な内容

環境保全計画	法規に基づく規制基準に適合するように計画する
仮設備計画	仮設備の設計、仮設備の配置計画
調達計画	労務計画、資材計画、機械計画

施工計画作成の留意事項

- 発注者側と協議して、その意図を理解したうえで計画をたてる。
- 発注者から示された工程が最適であるとは限らないので、経済性や安全性、品質の確保を考慮して検討する。
- 計画は1つのみでなく、代替案を考えて比較検討し、最良の計画を採用するよう努める。
- 十分な予備調査によって慎重に立案し、工事中においても常に計画と対比して、計画とずれが生じた場合には適切な是正措置をとる。
- 過去の同種工事を参考とする一方、新しい方法や改良に積極的に取り組む。

■建設機械の検討

作業効率

ブルドーザ	砂のほうが岩塊《がんかい》・玉石より大きい。
ダンプトラック	運搬路の沿道条件、路面条件、昼夜の別で変わる。

コーン指数

走行に必要なコーン指数が小さい建設機械	湿地ブルドーザ
走行に必要なコーン指数が大きい建設機械	ダンプトラック

プラスα 用語

コーン指数…ポータブルコーン貫入試験により得られる貫入抵抗力度を表す。値が小さいほど、走行性は悪くなる。

トラフィカビリティー…地盤が建設機械の走行に耐える程度。

リッパビリティー…軟岩やかたい土をリッパによって作業できる程度。

Lesson 03

仮設工事ほか

一次

許可申請

道灌殿には、
（道路管理者）
超大型荷車の通行を
（特殊車両の通行）
ご許可願いたい
石垣を積むために
道も使わせてね
（道路占用）

特殊車両通行許可と道路占用許可の申請は、道路管理者に対して行う。

■仮設工事

- 仮設に使用する材料は、一般の市販品を使用し、可能な限り規格を統一する。
- 仮設は、その使用目的や期間に応じて、**構造計算**を行い、**労働安全衛生規則**などの基準に合致しなければならない。
- 仮設構造物は、使用期間が短い場合は、安全率を多少割引くことが多い。

■間接（共通）仮設工事

- 現場事務所、仮囲いなど、工事に間接的に必要とされるものの工事をいう。

■指定仮設と任意仮設

指定仮設	・発注者が設計図書でその構造や仕様を指定する。 ・構造の変更が必要な場合は発注者の承諾を得る。
任意仮設	・規模や構造などを受注者に任せている。 ・工事目的物の変更にともない仮設構造物に変更が生ずる場合は、設計変更の対象とすることができる。

■関係機関への届出・許可申請

届出・許可の種類	申請先
現場代理人及び主任（監理）技術者届	工事発注者
機械等設置届	労働基準監督署長
電気設備設置届	消防署長
特定建設作業実施届	市町村長
道路使用許可	警察署長
道路占用許可	道路管理者
特殊車両通行許可	道路管理者

プラスα　道路管理者

<table>
<tr><th colspan="2">道路の種類</th><th>道路管理者</th></tr>
<tr><td colspan="2">高速道路</td><td>国土交通大臣</td></tr>
<tr><td rowspan="2">一般国道</td><td>指定区間</td><td>国土交通大臣</td></tr>
<tr><td>指定区間外</td><td>都道府県または政令指定都市</td></tr>
<tr><td colspan="2">都道府県道</td><td>都道府県または政令指定都市</td></tr>
<tr><td colspan="2">市町村道</td><td>市町村</td></tr>
</table>

第5章
施工管理法

Lesson 04

一次

工程表

工程図表の種類

玩具店のばあちゃん、
(ガント)　(バーチャート)
ネットにワクワク
(ネットワーク)
しすぎて
背中が曲がる
(曲線)

施工管理での工程図表には、ガントチャート工程表、バーチャート工程表、ネットワーク式工程表、曲線式工程表の4種類がある。

工程表の分類

- 工程表
  - 作業管理
    - 横線式工程表
    - 斜線式工程表
    - グラフ式工程表
    - ネットワーク式工程表
  - 出来高管理
    - 出来高累計曲線
    - 工程管理曲線（バナナ曲線）

各種工程表

横線式工程表（バーチャート）

- 作成が簡単で、各工事の工期がわかりやすい。

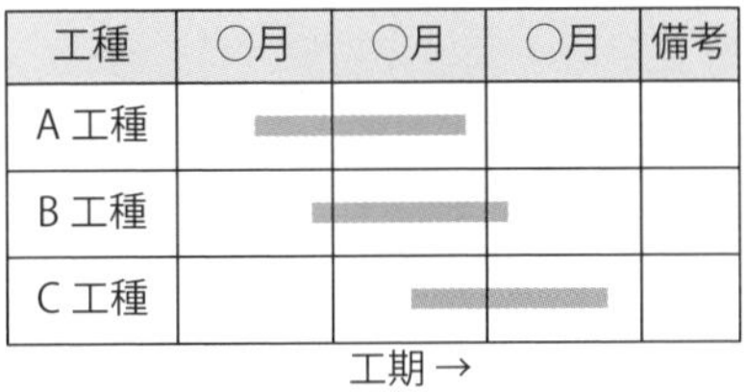

横線式工程表（ガントチャート）

- 各作業の進捗状況が一目でわかる。

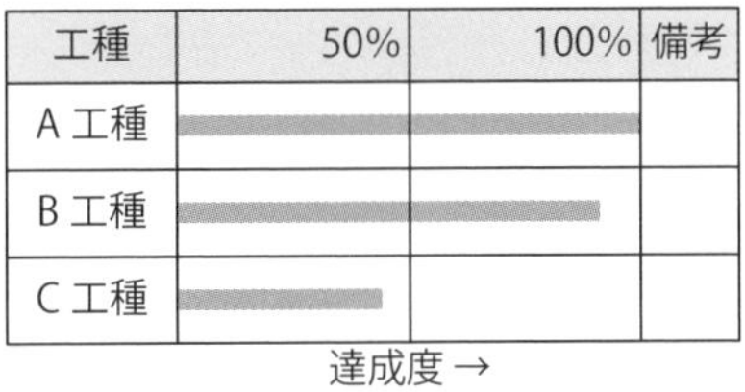

グラフ式工程表

- 各工事の工程を斜線で表した図表である。

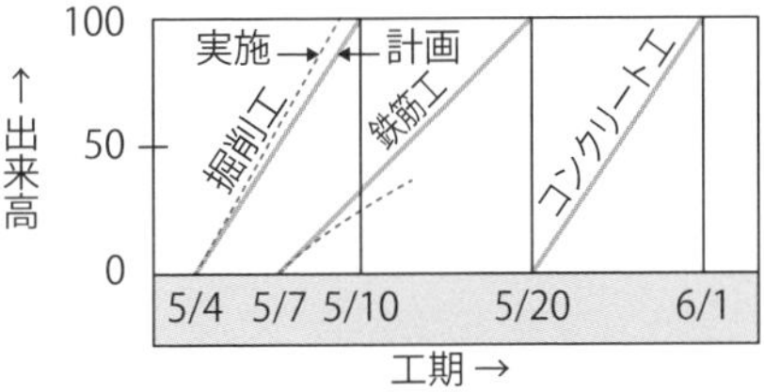

ネットワーク式工程表

- 工事内容が系統だてて明確になり、作業相互の関連や順序、施工時期などが的確に判断できる。

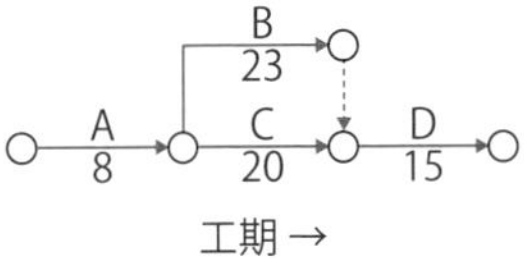

出来高累計《るいけい》曲線

- 工事全体の出来高比率の累計を曲線で表した図表である。出来高累計曲線は、一般的にS字型となる。

工程管理曲線（バナナ曲線）

- 実施工程の上方限界と下方限界を表した図表である。下方許容限界を下回ったときは、工程が遅れている。

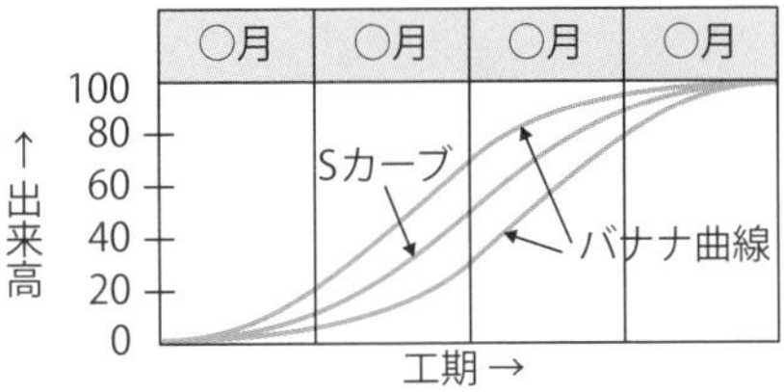

Lesson 05

一次 二次

労働災害の防止

作業場所の巡視

マイ作業着は
(毎作業日)
洗濯重視
(巡視)
最低1日1回
(1回以上)

特定元方事業者の作業場所の巡視は、毎作業日に1回以上行う。

特定元方事業者の労働災害防止措置

①特定元方事業者と関係請負人が参加する協議組織の設置及び運営

注意 • 関係請負人に協議組織を設置させるのではない！

②作業間の連絡及び調整
③作業場所の巡視（毎作業日に1回以上）

注意 • 巡視は、毎週の作業開始日にだけ行うのではない！

④関係請負人が行う労働者の安全・衛生教育に対する指導及び援助

注意 • 労働者の安全・衛生のための教育は、関係請負人の自主性に任せるのではない！

■主な作業主任者

作業主任者	選任すべき作業
地山の掘削作業主任者	掘削面の高さ 2m 以上の地山の掘削作業
土止め支保工作業主任者	土止め支保工の切ばり・腹起しの取付け・取りはずしの作業
ずい道等の掘削等作業主任者	ずい道等の掘削、ずり積み、支保工組立て、ロックボルト取付け、コンクリート等吹付け
型枠支保工の組立て等作業主任者	型枠支保工の組立て、解体の作業
足場の組立て等作業主任者	つり足場、張出足場または高さ 5m 以上の足場の組立て、解体、変更（ゴンドラのつり足場は除く）
コンクリート造の工作物の解体等作業主任者	高さ 5m 以上のコンクリート造工作物の解体、破壊
酸素欠乏危険作業主任者	酸素欠乏危険場所における作業

■作業主任者の職務

①作業の方法及び労働者の配置を決定し、作業を直接指揮すること。
②器具、工具、要求性能墜落制止用器具等及び保護帽の機能を点検し、不良品を取り除くこと。
③要求性能墜落制止用器具等及び保護帽の使用状況を監視すること。

■保護具の使用

保護帽

- 規格検定合格ラベルの貼付けを確認し使用する。
- 大きな衝撃を受けた場合には、使用してはならない。

要求性能墜落制止用器具

- 使用するフックは、できるだけ高い位置に取り付ける。
- 胴ベルト型墜落制止用器具は、できるだけ腰骨の近くで、ずれが生じないよう確実に装着する。

プラスα　熱中症対策

- 脱水症を防止するため、定期的に水分及び塩分を摂取するよう指導する。
- 高温多湿作業場所の作業を連続して行う時間を短縮する。

第5章
施工管理法

Lesson 06

一次

足場・型枠支保工の安全管理

作業床の床材の幅

作業は
(作業床)
予鈴がなるまで
(40cm)
皆さん
(3cm)
スッキリ片付けしましょう
(隙間)

作業床の床材の幅は 40cm 以上とし、つり足場の場合を除き床材間の隙間は 3cm 以下とする。

■足場の安全管理

高さ2m以上の足場（つり足場を除く）の作業床

作業床の幅	40cm 以上
床材間の隙間	3cm 以下
床材と建地との隙間	12cm 未満

墜落の危険がある箇所に設ける設備
①交さ筋かい
②高さ 15cm 以上 40cm 以下の桟
③高さ 15cm 以上の幅木

型枠支保工の組立て

- 型枠支保工を組み立てるときは、組立図を作成し、かつ、当該組立図により組み立てなければならない。
- 材料や工具の上げ下ろしをするときは、つり綱やつり袋等を労働者に使用させる。
- コンクリートの打設を行うときは、その日の作業を開始する前に型枠支保工について点検しなければならない。
- コンクリート打込み作業を行う場合は、型枠支保工に異常が認められた際の作業中止の措置を、あらかじめ講じておく。

鋼管支柱の使用

- 高さ2m以内ごとに水平つなぎを2方向に設け、水平つなぎの変位を防止する。

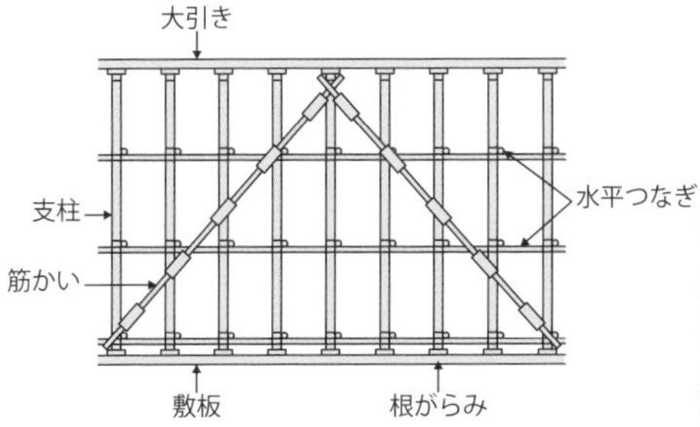

パイプサポートの使用

- パイプサポートを3以上継いで用いない。

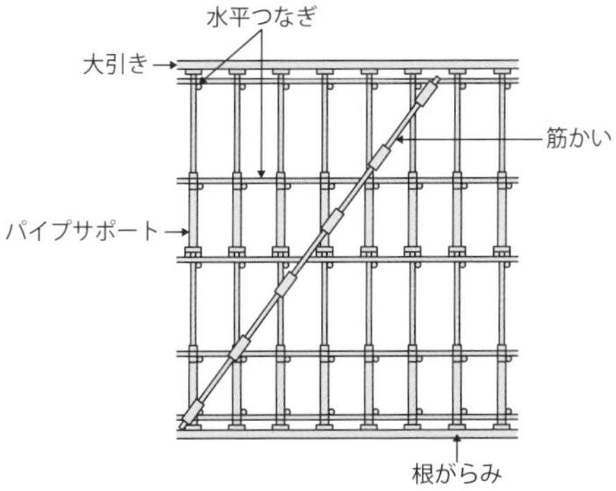

プラスα 型枠支保工の倒壊防止

- 強風や大雨等の悪天候のため危険が予想される場合は、組立て作業を行わない。
- 型枠支保工の支柱の継手は、突合せ継手または差込み継手としなければならない。

第5章

施工管理法

Lesson 07

一次 二次

建設機械の安全管理

車両系建設機械の作業

バケツをつるしたまま
（バケットを上げたまま）
持ち場を離れちゃだめだよ
（運転位置を離れてはならない）

車両系建設機械の運転者が運転位置から離れるときは、バケットを地上に下ろし、建設機械の逸走を防止しなければならない。

車両系建設機械

- 最高速度が毎時 10km 超の建設機械を用いて作業を行うときは、あらかじめ適正な制限速度を定め、それにより作業を行う。
- 運転者が運転位置から離れるときは、バケット等を地上に下ろし、建設機械の逸走《いっそう》を防止する。
- 誘導者を置くときは、一定の合図を定め、運転者はその合図に従わなければならない。
- 乗車席以外の箇所に労働者を乗せてはならない。
- 車両系建設機械に接触する危険が生ずるおそれのある箇所には、原則として労働者を立ち入らせない。
- 路肩《ろかた》、傾斜地等で建設機械作業を行うときは、路肩《ろかた》の崩壊の防止等の措置を講じる。
- 作業装置の異常の有無等についての定期な自主検査は、事業者が行う。

バックホゥの掘削作業

- 地表面より高い部分を掘削する場合の掘削高さ ➡ ブームの長さまでとする。
- 地山を足元まで掘削する場合のクローラ（履帯）の側面 ➡ 掘削面と直角となるように配置する。
- 地表面より低い部分を掘削する場合の掘削深さ ➡ 最大掘削深さより余裕を持たせる。

移動式クレーンを用いた作業

- 移動式クレーンの運転者は、荷をつったままで、運転位置を離れてはならない。
- クレーンの定格総荷重とは、定格荷重につり具の重量を加えたものをいう。
- 軟弱な地盤で作業を行う場合は、転倒を防止するため敷鉄板を敷設し、その上に移動式クレーンを設置しなければならない。
- 強風のためクレーン作業に危険が予想される場合には、作業を中断しなければならない。

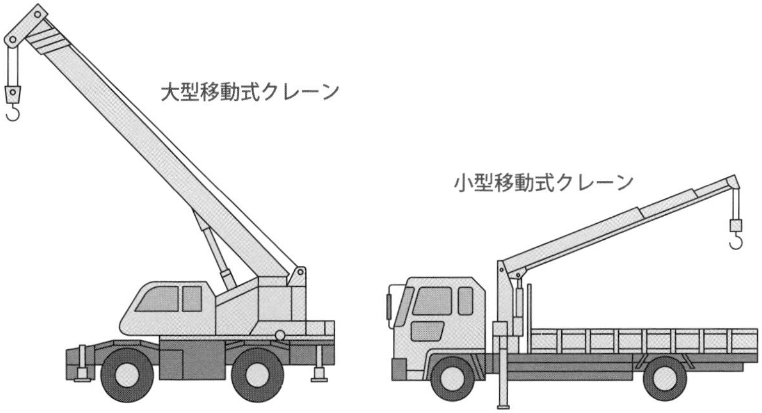

プラスα 定格荷重

- 移動式クレーンの定格荷重とは、負荷させることができる最大の荷重から、つり具の重量を除いたものをいう。

第5章
施工管理法

Lesson 08

一次 二次

掘削・解体作業の安全管理

引倒し等の作業の合図

授業中に
（事業者）
引き出しから
（引倒し等）
哀愁ただよう
（合図）（周知）
メロディーが…

事業者は、引倒し等の作業を行うときは、一定の合図を定め、関係労働者に周知させなければならない。

■地山の掘削作業主任者

- 掘削面の高さが 2m 以上となる場合は、地山の掘削及び土止め支保工作業主任者技能講習を修了した者のうちから、地山の掘削作業主任者を選任する。
- 地山の掘削作業主任者は、掘削作業の方法を決定し、作業を直接指揮しなければならない。

■掘削面のこう配

砂からなる地山の手掘り掘削作業

- 掘削面のこう配を 35 度以下とし、または掘削面の高さを 5m 未満とする。

発破等により崩壊しやすい状態の地山の掘削作業

- 掘削面のこう配を 45 度以下とし、または掘削面の高さを 2m 未満とする。

明り掘削の危険防止

点検

- 事業者は、点検者を指名して、その日の作業を開始する前に作業箇所を点検させる。

埋設物等による危険の防止

- 掘削により露出したガス導管のつり防護や受け防護の作業については、当該作業を指揮する者を指名して、その者の指揮のもとに当該作業を行わせる。
- 明り掘削作業を埋設物等に近接して行い、これらの損壊等により労働者に危険を及ぼすおそれのあるときは、危険防止のための措置を講じた後でなければ、作業を行ってはならない。

誘導者の配置

- 掘削の作業に伴う運搬機械等が労働者の作業箇所に後進して接近するときは、誘導者を配置し、その者にこれらの機械を誘導させる。

高さ 5m 以上のコンクリート造の工作物の解体作業

- あらかじめ、作業方法や順序、使用機械の種類や能力、立入禁止区域の設定等の作業計画を立て、関係労働者に周知する。
- 作業主任者を選任するときは、コンクリート造の工作物の解体等作業主任者の技能講習を修了した者のうちから選任する。

注意
- 特別教育を修了した者ではない！

- 解体作業を行う区域内には、関係労働者以外の労働者の立入りを禁止する。
- 器具、工具等を上げ、または下ろすときは、つり綱、つり袋等を労働者に使用させる。
- 解体用機械の運転者が運転位置を離れる際は、ブレーカ等の作業装置を周辺作業に支障のない高さに下げておく。
- 強風、大雨、大雪等の悪天候のため、作業の実施について危険が予想されるときは、当該作業を中止する。

第5章 施工管理法

Lesson 09 一次

ヒストグラム

ヒストグラムの見方

ヒステリックな奥様
（ヒストグラム）
気持ちに余裕がないときは
（余裕がないとき）
心のバラツキをまとめて
（バラツキを小さく）

製品のバラツキが規格の上限値、下限値と一致していて、余裕がないときは、バラツキを小さくする必要がある。

■ヒストグラム

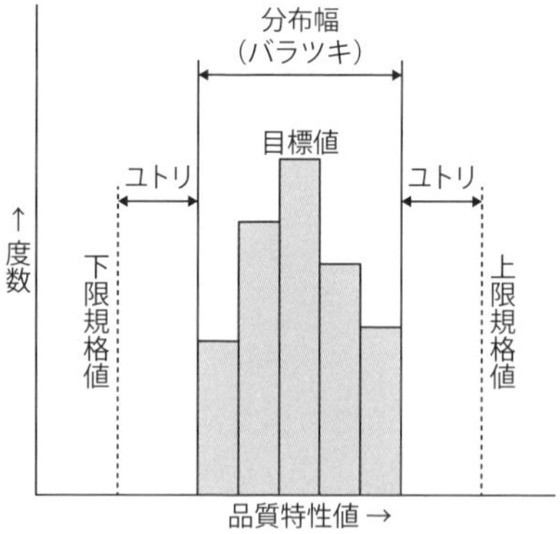

ヒストグラムの目的

- サンプリングした試料の分布状態を容易に知る。
- 分布の平均値や偏差などのバラツキの状態を調べる。
- 分布の統計的性質を知る。

注意

- ヒストグラムでは、時系列データの変化時の分布状況を知ることはできない。

■ヒストグラムの見方

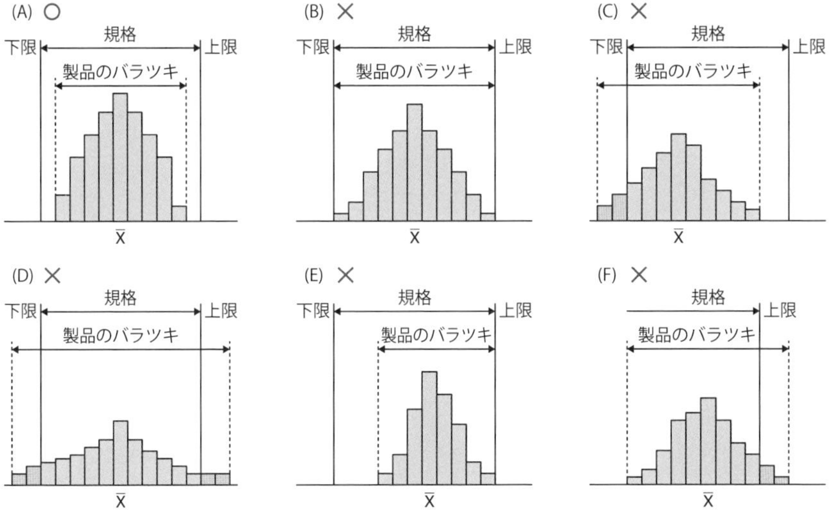

（A）バラツキが規格値内に余裕（ユトリ）をもって入っており、平均値も中心と一致して、左右対称の理想的な状態である。

（B）バラツキが規格の上限と下限に一致しており、余裕がないので、バラツキを小さくする必要がある。

（C）バラツキの平均値が下限側にずれているので、規格の中心に平均値をもってくると同時に、バラツキを小さくする。

（D）バラツキが規格の上限からも下限からも外れており、バラツキを小さくするための要因解析と対策が必要である。

（E）バラツキは規格内に入っているが、平均値が上限側にかたより、規格外れが出るおそれがあるので、規格の中央にくるように処置する必要がある。

（F）上限規格のみが与えられていて、上限を超えているものがあるので、規格内に収まるように処置する必要がある。

プラスα ヒストグラムの作成手順

①データから全体の範囲（最大値－最小値）を求め、適当な等間隔の区間に分ける。

②データを度数表にマークし、区間ごとの度数を求める。

③横軸に測定値をとり、縦軸に各区間に属する度数データを柱の高さで示す。

Lesson 10

工種別品質管理（1）

一次 二次

スランプの許容差

8歳以上18歳以下なら
(8cm以上18cm以下)
2杯半までおかわり自由
(± 2.5cmが許容差)

レディーミクストコンクリートの受入れ検査において、スランプの許容差は、購入者が指定した値が8cm以上18cm以下の場合、± 2.5cmである。

■道路舗装の品質特性と試験方法

品質特性	試験方法
針入度	針入度試験
粒度	ふるい分け試験
密度	RI（ラジオアイソトープ）による測定
路床・路盤の強さ	CBR試験
締固め度	プルーフローリング試験
アスファルト混合物の安定度	マーシャル安定度試験
アスファルト舗装の厚さ	コア採取による測定
舗装路面の平坦性	平坦性試験

レディーミクストコンクリートの品質管理

- レディーミクストコンクリートの受入れ検査は、現場の荷卸し時に行う。

圧縮強度試験

供試体材齢	28 日か、購入者が指定した日数
1 回の試験結果	購入者が指定した呼び強度の 85%以上
3 回の試験結果の平均値	購入者が指定した呼び強度の強度値以上

スランプの許容差（単位 cm）

購入者が指定した値	許容差
2.5	± 1
5 及び 6.5	± 1.5
8 以上 18 以下	± 2.5
21	± 1.5

空気量の許容差	コンクリートの種類に関係なく± 1.5%
塩化物含有量	原則として 0.3kg/m^3 以下、購入者の承認を得た場合 0.6kg/m^3 以下

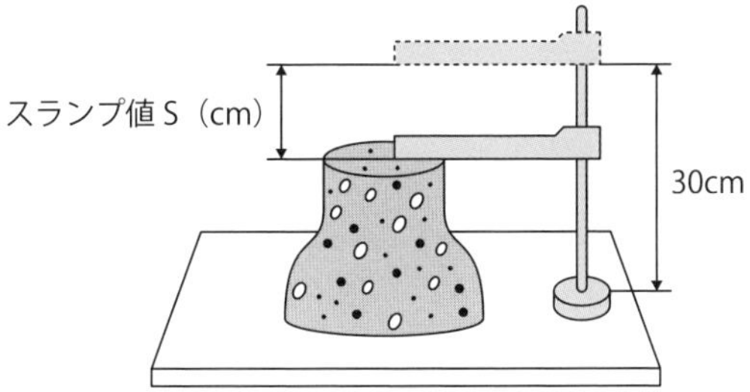

スランプ試験

第5章

施工管理法

Lesson 11

一次 二次

工種別品質管理（2）

品質規定方式・工法規定方式

瀕死の
（品質規定）
紙面
（締固め度）
広報は
（工法規定）
種類と数で
（機種・回数）

盛土の品質管理において、品質規定方式は、盛土の締固め度などを規定する方法であり、工法規定方式は、使用する締固め機械の機種や締固め回数、敷均し厚さなどを規定する方法である。

■盛土の品質管理

盛土の締固めの目的

①土の空気間隙を少なくして透水性を低下させる。
②雨水の浸入による土の軟化や、吸水による膨張を小さくする。
③土構造物の安定に必要な強度特性をもたせる。
④完成後の圧縮沈下を抑制する。

盛土材料に求められる性質

①敷均しや締固めが容易である。
②せん断強度が大きい。
③圧縮性が小さい。

品質規定方式

- 締固めの品質規定方式は、盛土の締固め度などを規定する方法である。
- 乾燥密度の計測は、ＲＩ計器によるほうが、砂置換法よりも早く結果が得られる。
- 締固めの最適含水比は、土が最もよく締まる含水状態のことで、最大乾燥密度の得られる含水比である。

品質規定方式の規定項目と試験方法

規定項目	試験方法
乾燥密度（締固め度）	砂置換法・RI 計器など
空気間隙率・飽和度	土の密度試験・含水比試験など
強度特性（変形特性）	プルーフローリング試験など

工法規定方式

- 締固めの工法規定方式は、使用する締固め機械の機種や締固め回数、敷均し厚さなどを規定する方法である。
- 盛土材料の土質、含水比の変化がない現場では便利だが、事前に現場の締固め試験が必要である。

プラスα 品質管理の PDCA

品質管理の手順

①計画（Plan）　：品質特性・品質規格の決定
⬇
②実施（Do）　：作業標準に基づく実施
⬇
③検討（Check）　：データの解析・検討
⬇
④処置（Action）　：異常原因の除去

第５章

施工管理法

Lesson 12

一次　二次

環境保全

建設機械の騒音・振動

うるさいやつが
（騒音・振動が大きい）

リタイアした
（履帯式）

空気はまだ
（空気式）

騒がしいけどね
（騒音が大きい）

履帯《りたい》式（クローラ式）、空気式の建設機械は、車輪式（ホイール式）、油圧式の建設機械に比べて一般に騒音・振動のレベルが大きい。

■周辺地域の環境保全対策

- 工事における環境保全対策に関する地域住民への説明会は、工事の着工前に行う。
- 土工作業における騒音・振動の防止については、低騒音・低振動の工法や機械を採用する。
- 土運搬による土砂飛散防止については、過積載防止、荷台のシート掛けの励行、現場から公道に出る位置における洗車設備の設置を行う。
- 盛土箇所の風による塵あい防止については、盛土表面への散水、乳剤散布、種子吹付けなどによる防塵処理を行う。
- 土砂の流出による水質汚濁《おだく》などを防止するには、盛土法面の安定勾配を確保し、土砂止めなどを設置する。

■建設機械の騒音・振動対策

- 建設機械は、整備不良による騒音振動が発生しないように点検・整備を十分に行う。
- 建設機械の騒音は、エンジンの回転速度に比例するので、無用なふかし運転は避ける。
- 作業待ち時は､エンジンをできる限り止めるなどして騒音振動を発生させない。
- 掘削・積込み作業にあたっては、低騒音型建設機械の使用を原則とする。

騒音・振動の大きさ
車輪式（ホイール式）＜　履帯式（クローラ式）
油圧式　＜　空気式

履帯式（クローラ式）建設機械	履帯の張りの調整に注意する。
ブルドーザ	無理な負荷をかけないようにし、後進時の高速走行を避ける。
アスファルトフィニッシャ	夜間工事など静かさが要求される場合などでは、タンパ方式でなくバイブレータ方式を採用する。
土工板・バケット	土のふるい落としの衝撃的操作をできるだけ避ける。

プラスα 振動規制法上の特定建設作業

- くい打機（もんけん及び圧入式くい打機を除く）を使用する作業
- くい抜機（油圧式くい抜機を除く）を使用する作業
- 鋼球を使用して建築物その他の工作物を破壊する作業
- 舗装版破砕機を使用する作業
- ブレーカー（手持式のものを除く）を使用する作業

注意
- びょう打機を使用する作業は、騒音規制法の対象だ。

第5章
施工管理法

Lesson 13

一次 二次

建設副産物

特定建設資材

コンコン鉄ちゃん
（コンクリート、コンクリート＋鉄）
ぼくは　明日来ん
（木材、アスファルト・コンクリート）

「建設リサイクル法」の特定建設資材に該当するのは、コンクリート、コンクリート及び鉄からなる建設資材、木材、アスファルト・コンクリートの４種類である。

■産業廃棄物の処理

- 公共工事の産業廃棄物の処理責任は、原則として受注者が負う。

注意
- 発注者ではない！

- 事業者は、産業廃棄物の処理を委託する場合、産業廃棄物の発生から最終処分が終了するまでの処理が適正に行われるために必要な措置を講じなければならない。
- 産業廃棄物の収集運搬にあたっては、産業廃棄物が飛散・流出しないようにしなければならない。
- 産業廃棄物管理票（マニフェスト）の写しの保存期間は、関係法令上５年間である。

廃棄物の種類

産業廃棄物

①工作物の新築・改築・除去に伴って生ずる
　コンクリートの破片
②工作物の新築・改築・除去に伴って生ずる
　アスファルト・コンクリートの破片
③工作物の新築・改築・除去に伴って生ずる
　繊維くず
④工作物の新築・改築・除去に伴って生ずる
　ガラスくず、陶磁器くず
⑤防水アスファルトやアスファルト乳剤の使用残さなどの
　廃油
⑥工作物の新築・改築・除去に伴って生ずる段ボールなどの
　紙くず
⑦工作物の新築・改築・除去に伴って生ずる
　木くず
⑧廃ビニール、廃タイヤ

一般廃棄物

- 産業廃棄物以外の廃棄物

特別管理型産業廃棄物

①揮発油類、灯油類、軽油類の廃油
②飛散性アスベスト廃棄物

■特定建設資材

- **①コンクリート、②コンクリート及び鉄からなる建設資材、③木材、④アスファルト・コンクリート。**

ここに注意！ 指定副産物

- 特定建設資材に該当しないものとして選択肢に加えられる**建設発生土**と**土砂**は、資源の有効な利用の促進に関する法律（リサイクル法）の指定副産物である。

第２部「過去問編」の使い方

第２部「過去問編」では、過去問の分析をもとに、よく出題される**ひっかけ問題**や、ちょっと考えれば**常識**で解ける問題を紹介しています。

「こんなひっかけ問題に注意！」は、**分野別**にまとめてありますので、学習に便利です。また、付属の**赤シート**をかぶせれば、誤っている箇所が隠せますので、一問一答形式の問題としても利用できます。誤りの内容については、「**要点整理**」で正しい理解が身に付きます。

「この問題は常識で解ける！」では、**専門知識**がなくても常識的に考えれば解けそうな問題を集めています。土木施工管理技術検定試験では、誤っている選択肢を選ばせる問題がほとんどですから、常識的に考えて、「これは変だ」とわかれば、それだけで**１問ゲット**できます。

「頻出項目総まとめ！」では、各分野で繰り返し出題される項目を**効率的**に学習できるように、**ワンセンテンス**で覚えられる形でまとめています。誤った選択肢として出題される内容がほとんどですので、試験の**直前対策**として役立ちます。

「施工経験記述ＮＧ集！」は、**ダメ**な記述例と**良い**記述例を紹介しています。第二次検定の施工経験記述で気をつけたい点を**チェックポイント**で確認してください。

第１部「**ゴロ合わせ編**」で覚えた内容を、第２部「**過去問編**」で実戦的に試してみましょう！

スピード攻略！
2級土木施工管理技術検定集中レッスン

第2部
過去問編

こんな ひっかけ問題に注意！

土木一般

1　水ボーリング孔を利用した透水試験の結果は、~~土の軟硬~~の判定に使用される。

↓

地盤の透水性

要点整理

土の軟硬の判定に使用されるのは、**標準貫入試験**である。逆に、**標準貫入試験**の結果を**地盤の透水性**の判定に使用されるとするひっかけ問題もあるから、気をつけよう！

2　~~モーターグレーダ~~は、土の掘削と運搬に使用される。

↓

モータースクレーパ

要点整理

土の掘削・運搬に使用されるのは、**モータースクレーパ**である。モーターグレーダは、**敷均し**や**整地**に使用される。モーターグレーダとモータースクレーパを取り違えさせる問題は頻出だ！

3　水セメント比とは、フレッシュコンクリートに含まれるセメントペースト中の水とセメントの~~体積比~~である。

↓

質量比

要点整理

水セメント比は、単位水量を単位セメント量でわった**質量比**であり、単位水量、単位セメント量は、それぞれ１立方メートル当たりに含まれる**質量**である。

4　水セメント比は、コンクリートの強度、耐久性や水密性などを満足する値の中から~~大きい~~値を選定する。

↓

小さい

要点整理

水セメント比が**大き**すぎる（水が**多い**）と、強度や耐久性の不足につながる。ただし、水セメント比を**小さく**しすぎるとワーカビリティーの低下につながる。

5　スランプ試験は、コンクリートの~~空気量~~を測定する試験である。

↓

軟らかさ

要点整理

スランプ試験は、コンクリートの**軟らかさ**を測定する試験であり、スランプコーンに詰めたコンクリートの上面をならした後、スランプコーンを静かに引き上げ、コンクリートの中央部でスランプを測定する。

6　シュートを用いて打ち込む場合には、コンクリートの材料分離を起こしにくい~~斜め~~シュートを用いる。

↓

縦

要点整理

シュートを用いる場合は、材料分離を起こしにくい縦シュートを用いることを原則とする。やむを得ず斜めシュートを用いる場合は、材料分離を起こさない程度の傾きとする。

7　コンクリート打込み中にコンクリート表面に集まったブリーディング水は、~~仕上げを容易にするために、そのまま残しておく~~。

↓

適当な方法で取り除いてから、コンクリートを打ち込む

要点整理

打込み中に表面にブリーディング水がある場合は、スポンジやひしゃくなどで取り除いてから、コンクリートを打ち込む。

8　コンクリートの施工において、再振動を行う場合には、コンクリートの締固めが可能な範囲で、できるだけ~~早い~~時期がよい。

↓

遅い

要点整理

再振動を行う場合には、コンクリートに悪影響が生じないように、再振動による締固めができる範囲でなるべく遅い時期に行う。

9　コンクリートと接する木製型枠は、~~コンクリートの品質が低下するので、湿らせてはならない~~。

↓

コンクリートとの付着を防ぐため、湿らせておく

要点整理

木製型枠が乾燥していると、コンクリートの水分を吸収し、コンクリートとの付着を生ずるため、滞水しない程度に湿らせておく。

10　型枠内面には、~~流動化剤~~を塗布することにより型枠の取外しを容易にする効果がある。

↓

剥離剤

要点整理

型枠内面には、コンクリートの付着を防止し、型枠の取外しを容易にするために、剥離剤を塗布する。流動化剤は混和剤である。

11　打込み杭工法で一群の杭を打つときは、~~周辺部~~の杭から~~中心部~~の杭へと、順に打ち込むものとする。

↓ 中心部　↓ 周辺部

要点整理

一群の杭を打つときは、中心部から周辺部に向かって打ち込むか、一方の端から他方の端へ打ち込む。

こんなひっかけ問題に注意！

専門土木

1　鋼橋の溶接の始端と終端部分は、溶接の乱れを取り除くために~~スカラップ~~を取り付けて溶接する。

↓

エンドタブ

要点整理

始端と終端部分は、エンドタブを取り付けて溶接する。スカラップは、溶接の継目同士が交差し、重なり応力が集中することを避けるために設ける切欠きである。

2　鋼橋のボルトの締付けにおいて、ボルト軸力の導入は、~~ボルトの頭部~~を回して行うことを原則とする。

↓

ナット

要点整理

ボルト軸力の導入は、ナットを回して行うのを原則とする。ボルトの締付けにあたっては、設計ボルト軸力が得られるように締め付ける。

3　~~アルカリシリカ反応~~は、コンクリートのアルカリ性が空気中の炭酸ガスの浸入などにより失われていく現象である。

中性化

要点整理

コンクリートのアルカリ性が空気中の炭酸ガスの浸入などにより失われていく現象は、**中性化**である。アルカリシリカ反応は、セメントなどに含まれるアルカリ性水分と骨材中のシリカ分が反応して、**ひび割れ**などを生じさせる現象である。

4　河川において、河川の流水がある側を堤~~内~~地、堤防で守られる側を堤~~外~~地という。

内　　外

要点整理

堤防で守られ、人が住んでいる側を**堤内地**（川裏）といい、堤防にはさまれて川が流れている側を**堤外地**（川表）という。

5　河川において、~~下~~流から~~上~~流を見て右側を右岸、左側を左岸という。

上　　下

要点整理

川の流れに沿って、**上流**から**下流**を見たときに、右側を右岸、左側を左岸という。

6　施工した堤防の法面保護は、一般に~~草類の自然繁茂~~により行う。

↓

芝等の植生工

要点整理

法面保護は、**芝等の植生工**により行う。**草類の自然繁茂**は、期待した法面保護効果が得られるとは限らず、また、植生の種類によっては堤体の弱体化を招く場合がある。

7　高水護岸は、~~単~~断面河川において高水時に~~裏~~法面を保護するために施工する。

↓　↓

複　表

要点整理

高水護岸は、**複**断面河川において高水時に**表**法面（河川側）を保護するために施工する。

8　砂防えん堤の袖は、洪水を越流させないため、水通し側から両岸に向かって~~下り~~勾配とする。

↓

上り

要点整理

砂防えん堤の袖は、水通し側から両岸に向かって**上り**勾配とし、また、土石などの流下による衝撃力で破壊されないように強固な構造とする。

9　地すべり防止工の排土工は、地すべり~~脚部~~に存在する不安定な土塊を排除し、地すべりの滑動力を減少させる工法である。

↓

頭部

要点整理

排土工は、地すべり**頭部**の不安定な土塊を排除し、地すべり斜面の滑動力を減少させる工法である。

10　地すべり防止工の水路工は、地すべり地周辺の地表水を速やかに地すべり~~地内に集水~~する工法である。

↓

地外に排水

要点整理

水路工は、地表面の水を速やかに水路に集め、地すべり**地外に排除**する工法である。

11　地すべり防止工では、~~抑止~~工、~~抑制~~工の順に施工するのが一般的である。

↓　↓

抑制　抑止

要点整理

地すべり防止工では、**抑制工**によって地すべり運動が軽減、停止してから、**抑止工**を導入する。

12 ~~抑制工~~は、杭などの構造物を設けることによって、地すべり運動の一部または全部を停止させることを目的としている。

↓

抑止工

要点整理

抑制工は、地すべりの地形や地下水の状態などの自然条件を変化させることにより、地すべり運動を停止または緩和させる工法である。

13 加熱アスファルト混合物は、敷均し後ただちに~~初~~転圧、~~二次~~転圧、~~継目~~転圧、仕上げ転圧の順序で締め固める。

↓ 二次 ↓ 継目 ↓ 初

要点整理

加熱アスファルト混合物は、継目転圧 → 初転圧 → 二次転圧 → 仕上げ転圧の順序で締め固める。初転圧が最初ではないから、気をつけよう！

14 道路のアスファルト舗装において、~~プライムコート~~は、新たに舗設する混合物層とその下層の瀝青安定処理層、中間層、基層との接着をよくするために行う。

↓

タックコート

要点整理

プライムコートは、路盤とアスファルト混合物のなじみをよくするために施工する。

15 ダム本体の基礎掘削工は、基礎岩盤に損傷を与えることが少なく、大量掘削に対応できる~~全断面工法~~が一般的である。

↓

ベンチカット工法

要点整理

全断面工法は、小断面トンネルにおける一般的な工法である。亀裂の少ない硬岩及び中硬岩の安定した地山で採用される。

16 コンクリートダムの RCD 工法における~~縦継目~~は、ダム軸に対して直角方向に設ける。

↓

横継目

要点整理

RCD 工法における横継目は、ダム軸に対して直角方向に設け、コンクリートの敷均し後に振動目地切機などを使って設置する。

17 トンネルの山岳工法における支保工の施工において、吹付けコンクリートは、地山の凹凸を~~残す~~ように吹付ける。

↓

埋める

要点整理

吹付けコンクリートは、地山の凹凸を埋めるように吹き付けることで、作用する土圧などを地山に分散する効果がある。

18 海岸堤防の異形コンクリートブロックによる消波工の施工において、乱積みは、荒天時の高波を受けるたびに沈下し、徐々にブロックのかみ合わせが~~悪くなり不安定になって~~くる。

↓

良くなり安定して

要点整理

乱積みは、層積みと比べて据付けが容易だが、据付け時の安定性は悪い。また層積みは、乱積みに比べて据付けに手間がかかり、海岸線の曲線部などの施工が難しい。

19 ケーソン式混成堤の施工において、波浪や風などの影響でケーソンのえい航直後の据付けが困難な場合には、波浪のない安定した時期まで~~浮かせて~~仮置きする。

↓

沈めて

要点整理

ケーソンの仮置きは、波浪などの影響で、えい航直後の据付けが難しいときには、引き船で近くの一時仮置き場にえい航し、注水して沈めておく。

20 ~~グラブ~~浚渫船は、~~ポンプ~~浚渫船に比べ、底面を平坦に仕上げるのが容易である。

↓ ↓

ポンプ　グラブ

要点整理

グラブ浚渫船は、底面を平坦に仕上げるのが難しいが、岸壁など構造物前面の浚渫や狭い場所での浚渫にも使用できる。

21 鉄道の営業線に近接した重機械による作業は、列車の近接から通過の完了まで~~十分注意して行う~~。

一時中止する

要点整理

列車接近の合図を受けたら、作業を**中断**しなければならず、たとえ工事管理者が立ち会っていたとしても作業は**中止**しなければならない。

22 複線以上の路線での積おろしの場合は、列車見張員を配置し~~車両~~限界をおかさないように材料を置く。

建築

要点整理

線路付近の作業にあたっては、**建築**限界をおかさないようにする。

23 上水道管の布設は、原則として~~高~~所から~~低~~所に向けて行う。

低　高

要点整理

管の布設方向は、**低所**から**高所**に向けて行うほうが施工性がよく、受口のある管は、受口を**高所**に向けて布設する。

こんなひっかけ問題に注意！

法 規

1 労働基準法上、使用者は、満 15 歳に達した児童について~~学校の卒業式~~が終了すれば土木工事に使用することができる。

↓

満 15 歳に達した日以後の最初の 3 月 31 日

要点整理

「満 16 歳に達する日まで使用してはならない」とするひっかけもあるぞ。気をつけよう！

2 労働基準法上、使用者は、未成年者の賃金を親権者又は後見人に~~支払わなければならない~~。

↓

支払ってはならない

要点整理

賃金は、原則として通貨で、直接労働者に、その全額を支払わなければならない。

3　労働基準法上、賃金は、賃金、給料、手当など使用者が労働者に支払うものをいい、賞与はこれに~~含まれない~~。

↓

含まれる

要点整理

賃金とは、賃金、給料、手当、賞与など労働の対償として使用者が労働者に支払うすべてのものをいう。

4　労働基準法上、使用者は、原則として、労働時間の途中において、休憩時間~~の開始時刻を労働者ごとに決定することができる~~。

↓

を一斉に与えなければならない

要点整理

休憩時間は、原則として労働時間が８時間を超える場合は、少なくとも**１時間**、６時間を超える場合は、少なくとも**45分間**である。

5　労働基準法上、使用者は、その雇入れの日から起算して６箇月間継続勤務した~~すべての~~労働者に対して、有給休暇を与えなければならない。

↓

全労働日の８割以上出勤した

要点整理

「雇入れの日から起算して**３箇月間継続勤務した**」とするひっかけもある。気をつけよう！

6　労働基準法上、使用者は、労働者の療養期間中の平均賃金の~~全額~~を休業補償として支払わなければならない。

↓

100 分の 60

要点整理

休業補償の補償額は、**負傷時の賃金**ではなく、**平均賃金の 100 分の 60** であるということも押さえよう。

7　労働基準法上、使用者は、労働者が治った場合、その身体に障害が残ったとき、~~その障害が重度な場合に限って~~障害補償を行わなければならない。

↓

その障害の程度に応じて

要点整理

障害補償は、**障害の程度に応じて**行わなければならないことを押さえよう。

8　労働基準法上、労働者が業務上負傷した場合における使用者からの補償を受ける権利は、労働者が退職した場合にその権利を~~失う~~。

↓

失わない

要点整理

労働者が災害補償を受ける権利は、労働者の退職によって変更されることはない。

9　労働安全衛生法上、ブルドーザの掘削、押土の作業は、作業主任者を選任すべき作業~~である~~。

ではない

要点整理

作業主任者を選任すべき作業として**ブルドーザの掘削・押土の作業**を挙げる選択肢は頻出だ。ほかに、**既製杭の杭打ち作業**を挙げるひっかけもよく出るぞ。

10 建設業法上、主任技術者または監理技術者は、発注者及び工事一件の請負代金の額~~によらず~~、専任の者でなければならない。

によっては

要点整理

原則として、専任の者であることが求められるのは、工事一件の請負代金の額が**4,000万円**（建築一式工事は**8,000万円**）以上の場合である。

11 建設業法上、元請負人が主任技術者を置いた建設工事の下請負人は、主任技術者を置く~~必要はない~~。

必要がある

要点整理

下請負人となる建設業者は、**監理技術者**を置く必要はないが**主任技術者**を置かなければならない。

12 建設業法上、主任技術者は、現場代理人の職務を兼ねることが~~できない~~。

↓

できる

要点整理

監理技術者もまた、現場代理人の職務を兼ねることができる。

13 車両制限令上、車両の輪荷重の最高限度は、~~10~~t である。

↓

5

要点整理

車両の輪荷重の最高限度は、5t である。最高限度が 10t なのは、軸重だ。気をつけよう！

14 河川法の目的は、洪水や高潮等による災害防御と水利用であり、河川環境の整備と保全は~~含まれていない~~。

↓

含まれている

要点整理

河川法の目的には、災害発生の防止と河川の利用のほかに、流水の機能維持や河川環境の整備と保全が含まれている。

15 河川法上、洪水防御を目的とするダムは、河川管理施設には~~該当しない~~。

該当する

要点整理

河川管理施設とは、ダム、堰、水門、堤防、護岸、床止め、樹林帯その他河川の流水によって生ずる公利を増進し、または公害を除却し、もしくは軽減する効用を有する施設をいう。

16 河川法上、河川区域内の土地では、工作物を新築、改築また除却しようとする者は河川管理者の許可を必要と~~もしない~~。

する

要点整理

河川管理者の許可を必要とするものには、ほかに、河川区域内の地下を横断する下水道トンネルの設置、河川区域内の工事用材料置場の設置、河川区域内の上空に設けられる送電線の架設などがある。

17 河川法上、取水施設の機能を維持するために行う取水口付近に積もった土砂の排除をしようとする場合は、河川管理者の許可が必要で~~ある~~。

ない

要点整理

河川区域内で土石を採取しようとする者や、竹木・あし・かやなどを採取する者は、河川管理者の許可を必要とするが、取水施設の機能を維持するために行う取水口付近に積もった土砂の排除には、許可は必要ない。

18 建築基準法上、容積率は、~~敷地面積~~の~~建築物の延べ面積~~に対する割合をいう。

建築物の延べ面積　　敷地面積

要点整理

容積率は、$\frac{\text{建築物の延べ面積}}{\text{敷地面積}}$（× 100%）で表される。

19 現場に設ける延べ面積が 50m^2 を超える仮設建築物について、建築基準法上、仮設建築物の延べ面積の敷地面積に対する割合（容積率）の規定が適用~~される~~。

されない

要点整理

仮設建築物には、建築確認、完了検査、新築・除却の届出、容積率、建蔽率、接道規制等の規定は適用されない。

20 現場に設ける延べ面積が 50m^2 を超える仮設建築物について、建築基準法上、防火地域または準防火地域内に設ける仮設建築物の屋根の構造は、政令で定める技術的基準が適用~~されない~~。

される

要点整理

防火地域または準防火地域内に設ける仮設建築物の屋根の構造は、規制緩和の対象とはなっていない。

21 火薬類取締法上、火薬庫を設置しようとする者は、~~経済産業大臣~~の許可を受けなければならない。

↓

都道府県知事

要点整理

また、火薬類を爆発させ、または燃焼させようとする者も、原則として**都道府県知事の許可**を受けなければならない。なお、火薬類を運搬しようとする者は、原則として出発地を管轄する**都道府県公安委員会に届け出る**ことになっているから気をつけよう。

22 火薬類取締法上、消費場所において火薬類を取り扱う場合、固化したダイナマイト等は~~もみほぐしては~~ならない。

↓

もみほぐさなければ

要点整理

固化したダイナマイト等は爆発しにくくなり、**不発**や**残留**の原因となるため、**もみほぐして**使用しなければならない。

23 火薬類取締法上、火薬類取扱所において存置することのできる火薬類の数量は、~~全作業の消費見込量~~とする。

↓

１日の消費見込量以下

要点整理

また、火薬類を存置し、または運搬するときは、火薬、爆薬、導火線と火工品とをそれぞれ**異なった容器**に収納する。

24 騒音規制法上、舗装版破砕機を使用する作業は特定建設作業に~~該当する~~。

該当しない

要点整理

1日の移動距離が 50m を超えない舗装版破砕機を使用する作業は、**振動規制法**上の特定建設作業に該当する。

25 振動規制法上、ブルドーザを使用する作業は、特定建設作業に~~該当する~~。

該当しない

要点整理

原動機の定格出力が 40kW 以上のブルドーザを使用する作業は、**騒音規制法**上の特定建設作業に該当する。

26 港則法上、特定港内または特定港の境界付近で工事または作業をしようとする者は、~~港湾管理者~~の許可を受けなければならない。

港長

要点整理

港湾管理者とは、港湾法に基づき、**地方公共団体**が単独または共同してなるものである。港長は、港湾において港則を執行する責任者で、**特定港**に置かれている。

27 港則法上、船舶は、特定港内において危険物を運搬しようとするときは、~~港長に届け出~~なければならない。

→ 港長の許可を受け

要点整理

特定港において危険物の**積込み**または**荷卸し**をするときも同様である。

28 港則法上、船舶は、航路内において、他の船舶と行き会うときは、~~左側~~を航行しなければならない。

→ 右側

要点整理

また船舶は、航路内においては、他の船舶を**追い越し**てはならない。

29 港則法上、港内を航行する船舶が停泊船舶を~~右げん~~にみて航行するときは、できるだけ停泊船舶から遠ざかって航行しなければならない。

→ 左げん

要点整理

また船舶は、防波堤、埠頭または停泊船などを**右げん**に見て航行するときは、できるだけこれに**近寄り**、航行しなければならない。

こんな ひっかけ問題に注意！

契約・施工管理法

1　発注者は、工事の完成検査において、工事目的物を最小限度破壊して検査することができ、その検査または復旧に直接要する費用は~~発注者~~の負担とする。

↓ 受注者

要点整理

　また、設計図書において監督員の検査を受けて使用すべきものと指定された工事材料の検査に直接要する費用も、受注者の負担となる。

2　調達計画は、労務計画、資材計画、~~安全衛生~~計画が主な内容である。

↓ 機械

要点整理

　調達計画には、労務計画、資材計画、機械の種別・台数などの機械計画がある。

3　クラムシェルは、水中掘削など、~~広い~~場所での~~浅い~~掘削に用いられる。

↓ 狭い　↓ 深い

要点整理

クラムシェルは、シールド工事の立坑掘削など、狭い場所での深い掘削に適する。

4　ブルドーザの作業効率は、砂の方が岩塊・玉石より~~小さい~~。

↓ 大きい

要点整理

ブルドーザの作業効率は、現場の土質によって変化し、砂＞普通土＞岩塊・玉石の順に小さくなる。

5　~~リッパビリティー~~とは、建設機械が土の上を走行する良否の程度をいう。

↓ トラフィカビリティー

要点整理

建設機械が土の上を走行する良否の程度は、トラフィカビリティーという。リッパビリティーとは、軟岩やかたい土をリッパによって作業できる程度をいう。

6　工程管理曲線（バナナ曲線）は、縦軸に~~時間経過~~比率をとり、横軸に~~出来高~~比率をとる。

↓ 時間経過　　↓ 出来高

要点整理

工程管理曲線（バナナ曲線）は、縦軸に**出来高比率**、横軸に**時間経過比率**をとり、実施工程の**上方限界**と**下方限界**を表した図表である。

7　クリティカルパスは、総余裕日数が~~最大~~の作業の結合点を結んだ一連の経路を示す。

↓ 0

要点整理

クリティカルパスは、最も長い日数を要する最長経路で、**余裕がまったくない**経路である。

8　労働安全衛生法上、特定元方事業者が、その労働者及び関係請負人の労働者の作業が同一の場所において行われることによって生じる労働災害を防止するために講ずべき措置として、~~一次下請け、二次下請けなどの関係請負人ごとに~~、協議組織を設置~~させる~~ことがある。

↓ 特定元方事業者及びすべての関係請負人が参加する　　↓ する

要点整理

特定元方事業者自らが、協議組織の設置及び運営を行わなければならず、その協議組織は、**特定元方事業者及びすべての関係請負人**が参加するものでなければならない。

9　労働安全衛生法上、特定元方事業者が、その労働者及び関係請負人の労働者の作業が同一の場所において行われることによって生じる労働災害を防止するために講ずべき作業場所の巡視は~~毎週作業開始日~~に行う。

毎作業日

要点整理

特定元方事業者の巡視は、毎作業日に少なくとも１回行わなければならないとされている。

10　労働安全衛生規則上、強風等悪天候のため作業に危険が予想される時に、型枠支保工の解体作業を~~行う場合は、作業主任者の指示に従い慎重に作業を行わせること~~。

行わせてはならない

要点整理

事業者は、強風、大雨、大雪等の悪天候のため、作業の実施について危険が予想されるときは、当該作業に労働者を従事させてはならない。

11　労働安全衛生規則上、型枠支保工の支柱を継ぎ足して使用する場合の継手構造は、~~重ね継手を基本とする~~。

突合せ継手または差込み継手とする

要点整理

型枠支保工の支柱の継手は、突合せ継手または差込み継手としなければならない。

12 労働安全衛生規則上、トラクターショベルによる積込み作業中に、作業の一時的中止が必要となったときには、運転者はバケットを上げた状態で運転席を離れることが~~できる~~。

↓

できない

要点整理

車両系建設機械の運転者は、車両系建設機械の運転位置から離れるときは、バケット等の作業装置を地上に下ろさなければならない。

13 ヒストグラムにおいて、製品のバラツキが規格の上限値、下限値と一致しており、余裕がないので、~~規格値の幅~~を小さくする必要がある。

↓

バラツキ

要点整理

ヒストグラムの問題において、規格値の幅を小さくしたり、広げたりするとしている選択肢は誤りだ！

14 盛土の締固めを~~工法~~で規定する方式は、締固め度で規定するのが一般的である。

↓

品質

要点整理

盛土の締固め度などを規定するのは、品質規定方式である。工法規定方式は、使用する締固め機械の機種や締固め回数、敷均し厚さなどを規定する方法である。

15 締固めの最適含水比は、最もよく締まる含水状態のことで、~~最小~~乾燥密度の得られる含水比である。

↓

最大

要点整理

締固めの最適含水比は、土が最もよく締まる含水状態のことで、最大乾燥密度の得られる含水比である。

16 産業廃棄物の処理責任は、公共工事では原則として~~発注者~~が責任を負う。

↓

受注者

要点整理

一般に、産業廃棄物の処理は事業者が行い、地方公共団体は、必要であると認める場合に、産業廃棄物の処理をその事務として行うことができる。

この問題は常識で解ける！

1　盛土工における構造物縁部の締固めは、~~大型~~の締固め機械により入念に締め固める。

小型

当たり前！

構造物縁部などの細かい作業が必要な場所では、大型の機械ではうまく対応できないぞ！

2　盛土に適した盛土材料の性質は、締固め後の吸水による膨張が~~大きい~~ことである。

小さい

当たり前！

締固めた後に吸水によって膨張したら、締め固めた意味がなくなるぞ！

3　道路土工の盛土材料として望ましい条件は、建設機械のトラフィカビリティーが確保~~しにくい~~ことである。

↓ しやすい

当たり前！

トラフィカビリティーは、建設機械の**走行性**の良し悪しを示すものだ。トラフィカビリティーが確保**しにく**かったら、工事がはかどらないぞ！

4　道路土工の盛土材料として望ましい条件は、盛土完成後の圧縮性が~~大きい~~ことである。

↓ 小さい

当たり前！

盛土完成後に**圧縮沈下**してしまったら、元も子もないぞ！

5　吸水率が大きい骨材を用いたコンクリートは、耐凍害性が~~向上~~する。

↓ 低下

当たり前！

水分を吸収したら**凍りやすく**なるのは当たり前だ！

6　径の太い鉄筋などを熱して加工するときは、加熱温度を十分管理し加熱加工後は急冷~~させる~~。

させない

当たり前！

鉄筋を加熱後、急冷させると、鉄筋がもろくなるぞ！

7　鉄筋の継手は、大きな荷重が~~かかる~~位置で同一断面に集~~める~~ようにする。

かからない　　まらない

当たり前！

大きな荷重がかかれば継手は壊れやすくなり、それが同一断面に集まっていたらすべての継手が一気に壊れるぞ！

8　ドロップハンマは、ハンマを落下させて打ち込むが、ハンマの重量は杭の重量~~以下~~が望ましい。

以上

当たり前！

ハンマの重量が杭の重量より軽かったら、杭を地中に打ち込むことなんてできないぞ！

9　場所打ちコンクリート杭は、施工時の騒音・振動が打込み杭に比べて~~大きい~~。

小さい

当たり前！

孔の中にコンクリート杭を造るより、既製杭を地面に打ち込むほうが、騒音・振動が大きいのは当たり前だ！

10　つり橋や斜張橋のワイヤーケーブルには、~~軟鋼~~線材が用いられる。

硬鋼

当たり前！

伸びたり切れたりしやすい軟鋼でつり橋がつられていたら、危なくて渡れないぞ！

11　塩害に伴う鉄筋腐食に関する対策のひとつとしては、水セメント比が~~大きい~~コンクリートを使用する。

小さい

当たり前！

水分が多ければ、鉄筋はさびやすくなるぞ！

12 コンクリート構造物の耐久性を高めるために、吸水率の~~大きい~~骨材を使用する。

小さい

当たり前！

吸水率の大きい骨材は隙間が多くて、強度の低下や耐凍害性の低下を招くぞ！

13 河川堤防に用いる土質材料は、できるだけ透水性が~~大きい~~材料がよい。

小さい

当たり前！

透水性が高いと、堤防に水が浸み込んで、崩れやすくなるぞ！

14 加熱アスファルト混合物は、現場に到着後ただちに~~ブルドーザ~~により均一な厚さに敷き均す。

アスファルトフィニッシャ

当たり前！

ブルドーザでアスファルトを敷き均している現場なんて見たことがあるか？

15 コンクリート舗装は、コンクリート版が交通荷重などによる曲げ応力に抵抗するので、~~たわみ性~~舗装である。

↓ 剛性

当たり前！

曲げ応力に抵抗するのだから、たわんだらダメだぞ！

16 ダムコンクリートの品質として備えるべき重要な基本的性質は、容積変化が~~大きい~~ことである。

↓ 小さい

当たり前！

大量に使用するダムコンクリートの容積変化が大きかったら、計画通りにならず、たいへんなことになるぞ！

17 鉄道（在来線）に近接して施工する場合、工事箇所に見通しの確保ができない曲線区間がある場合には、触車事故防止のため列車見張員を~~１名~~配置する。

↓ 複数

当たり前！

見通しがきかないのに、１名で足りるわけがないぞ！

18 建築限界は、車両限界の~~内側~~に最小限必要な余裕空間を確保したものである。

↓

外側

当たり前！

車両限界の内側に入ったら、車両とぶつかってしまうぞ！

19 セグメントの外径は、シールドで掘削される掘削外径より~~大きく~~なる。

↓

小さく

当たり前！

掘削されたトンネル内に組み立てられるセグメントの外径が、掘削外径より大きいわけがないぞ！

20 熱中症対策として、労働者に対し、脱水症を防止するため、~~塩分の摂取を控える~~よう指導する。

↓

定期的に水分及び塩分を摂取する

当たり前！

塩分の摂取を控えたら、脱水症になるぞ！

21 盛土の締固めの目的は、土の空気間げきを~~多く~~し透水性を低下させるなどして土を安定した状態にする。

少なく

当たり前！

隙間が多ければ、透水性が増して、地盤がゆるくなるぞ！

22 車輪式（ホイール式）の建設機械は、履帯式（クローラ式）の建設機械に比べて一般に騒音振動のレベルが~~大きい~~。

小さい

当たり前！

クローラ（キャタピラ）のほうが、車輪より騒音振動が大きいのは当たり前だ！

23 土工における建設機械の騒音・振動対策として、掘削土をバックホゥなどでトラックなどに積み込む場合、落下高を~~高く~~してスムースに行う。

低く

当たり前！

落下高を高くしたら、それだけ騒音や振動が大きくなるのは当たり前だ！

頻出項目総まとめ！

【土工】

土質試験

- **標準貫入試験** ➡ 地盤支持力の判定に用いる原位置試験！
  室内試験ではない！
- **透水試験** ➡ 周辺地盤の透水性の判定に用いる原位置試験！
  土の軟硬の判定や土工機械の選定に用いるのではない！
- **土の液性限界・塑性限界試験** ➡ 室内試験で決まり！

土工機械と作業の組合せ

これだけ覚える！

機械名	作　業
ブルドーザ	伐開除根
バックホゥ	掘削・積込み
モータースクレーパ	掘削・運搬
モーターグレーダ	敷均し・整地

盛土材料として望ましい条件

- 敷均しや締固めがしやすい！
- トラフィカビリティーが確保しやすい！
- 盛土完成後のせん断強さが大きい！
- 盛土完成後の圧縮性が小さい！
- 締固め後の吸水による膨張が小さい！

軟弱地盤対策工法

これだけ覚える！

工法の種類	工法名
表層処理工法	サンドマット工法
固結工法	石灰パイル工法 深層混合処理工法 薬液注入工法
排水工法（地下水位低下工法）	ディープウェル工法 ウェルポイント工法
締固め工法	バイブロフローテーション工法
載荷工法	プレローディング工法

頻出項目総まとめ！

【コンクリート工】

骨　材

- **粒度** ➡ 粗粒率が大きいほど粒度が大きい！
- **粒形** ➡ 球形に近いほどよい！
- **すりへり減量** ➡ その量が小さいほどよい！
- **密度** ➡ 表面乾燥飽水状態（表乾状態）における密度！

混和材料

- **AE 剤** ➡ 耐凍害性を向上させる！
- **減水剤** ➡ 単位水量を減らせる！
- **フライアッシュ** ➡ 代表的なポゾラン！
使用セメント量を減らせる！

コンクリートの用語

- **ワーカビリティー** ➡ 作業のしやすさ！
- **コンシステンシー** ➡ 変形・流動に対する抵抗性！
- **ブリーディング** ➡ 練混ぜ水の一部が遊離して上昇する現象！

コンクリートの施工

- **練混ぜから打ち終わるまでの時間**
  ➡ 気温が 25℃以下のときは 2 時間以内！
- **2 層以上に分けて打ち込む場合**
  ➡ 気温が 25℃を超えるときの許容打重ね時間間隔は 2 時間以内！
- **打込み** ➡ 1 層当たりの打込み高さは 40 ～ 50cm 以下！
  シュートを用いる場合は、縦シュート！
- **木製型枠** ➡ 打込む前に湿らせておく！

締固め

- コンクリートの締固めには内部振動機を用い、それが困難な場合には型枠振動機の使用も可！
- **挿入時間** ➡ 5 ～ 15 秒程度！
- **挿入深さ** ➡ 下層のコンクリート中に 10cm 程度！
- **再振動** ➡ 締固めが可能な範囲でできるだけ遅い時期！

鉄筋・型枠

- **鉄筋** ➡ 組立後に長期間大気にさらす場合は鉄筋表面に防錆処理！
- **スペーサー** ➡ 原則としてモルタル製かコンクリート製！
- **型枠内面** ➡ 剥離剤を塗布する！

頻出項目総まとめ！

【基礎工】

既製杭の施工

- **1群の杭を打つとき** ➡ 中心部から周辺部へ打ち込む！
- **1本の杭を打ち込むとき** ➡ 連続して打ち込む！
- **打込み杭工法** ➡ 中掘り杭工法に比べて騒音・振動が大きい！
  中掘り杭工法に比べて杭の支持力が大きい！
- **中掘り杭工法** ➡ 打込み杭工法に比べて隣接構造物に対する影響が小さい！

場所打ち杭工法の特徴

- 掘削土により、中間層や支持層の土質が確認できる！
- 施工時の騒音・振動が打込み杭に比べて小さい！
- 杭材料の運搬や長さの調節が比較的容易！
- 大口径の杭を施工することにより、大きな支持力が得られる！

基礎地盤

- **基礎地盤の地質・地層状況、地下水の有無について**
  ➡ 標準貫入試験で調査する！

場所打ち杭の「工法名」と「掘削方法」

これだけ覚える！

工法名	掘削方法
リバースサーキュレーション工法	掘削孔に満たした水の圧力で孔壁を保護しながら、水を循環させて削孔機で掘削する。
オールケーシング工法	ケーシングチューブを挿入して孔壁の崩壊を防止しながら、ハンマーグラブで掘削する。
アースドリル工法	アースドリルで掘削を行い、地表面からある程度の深さに達したらケーシングを挿入し、地山の崩壊を防ぎながら掘削する。
深礎工法	掘削孔が自立する程度掘削して、ライナープレートを用いて孔壁の崩壊を防止しながら、人力または機械で掘削する。

土留め壁の「種類」と「特徴」

これだけ覚える！

種　類	特　徴
鋼矢板壁	止水性が高く、施工は比較的容易である。
親杭横矢板壁	止水性が劣るため、地下水のない地盤に適する。
連続地中壁	止水性を有しているので、大規模な開削工事に用いられる。

頻出項目総まとめ！

【鋼・コンクリート構造物】

鋼　材

- **耐候性鋼材** ➡ クロムやニッケルなどが添加されている！
- **橋梁の伸縮継手** ➡ 鋳鋼が用いられる！
- **つり橋や斜張橋** ➡ 硬鋼線材が用いられる！

溶接接合

- **開先溶接（グルーブ溶接）** ➡ 部材間の隙間に溶着金属を溶接する！
- **隅肉溶接** ➡ 部材の交わった表面部に溶着金属を溶接する！
- **溶接の始点と終点** ➡ エンドタブを設ける！
スカラップではない！

ボルトの締付け

- ナットを回して行うことを原則とする！
ボルト頭部ではない！
- トルシア形高力ボルトを使用する場合は、本締めに専用締付け機を使用する！
- 設計ボルト軸力が得られるように締め付ける！
- 各材片間の密着を確保し、応力が十分に伝達されるようにする！

架設工法

これだけ覚える！

工法名	架設方法
ベント式工法	自走式クレーン車で橋桁をつり上げて架設する。
ケーブルクレーン工法	部材をケーブルクレーンでつり込み、受けばり上で組み立てて架設する。深い谷間でベントが設置できない場合などに用いられる。
フローティングクレーン工法	組み立てられた橋桁を起重機船でつり上げて架設する。流れの緩やかな場所での架設に適する。
片持ち式工法	すでに架設した桁上にトラベラークレーンを設置して部材をつり上げながら架設する。
送り出し工法	隣接する場所であらかじめ組み立てた橋桁を手延機で押し出して架設する。

コンクリートの劣化機構とその対策

- **アルカリ骨材反応対策** ➡ 高炉セメントB 種を使用する！
- **塩害対策** ➡ 水セメント比を小さくする！
  鉄筋のかぶりを大きくとる！
- **凍害対策** ➡ AE 剤を使用する！
- **化学的侵食対策** ➡ 鉄筋のかぶりを大きくとる！

頻出項目総まとめ！

【河川・砂防】

河　川

●**右岸・左岸** ➡ 上流から下流を見て、右が右岸、左が左岸！

●**堤外地・堤内地** ➡ 河川の流水がある側が堤外地、堤防で守られる側が堤内地！

河川堤防の施工

●**堤防の法面保護** ➡ 芝等の植生工により行う！
草類の自然繁茂ではない！

河川堤防に用いる土質材料

●できるだけ透水性が小さいこと！

●有害な有機物及び水に溶解する成分を含まないこと！

河川護岸の構造

●**高水護岸** ➡ 複断面の河川において高水時に堤防の表法面を保護する！

●**天端保護工** ➡ 流水による低水護岸の裏側からの破壊を防ぐ！

砂防えん堤

- **水通し** ➡ 逆台形断面で設ける！
  矩形断面ではない！
- **袖** ➡ 両岸に向って上り勾配とする！
- **前庭保護工** ➡ 堤体の下流側に設置される！
- **施工順序** ➡ ①本えん堤基礎部→②副えん堤→③側壁護岸・水叩き→④本えん堤上部！
- **堤体下流の法勾配** ➡ 一般に 1：0.2 程度！
- **堤体基礎の根入** ➡ 岩盤でも 1 ～ 2m は実施する！

地すべり防止工

これだけ覚える！

水路工	地表面の水を水路に集め、地すべり区域外に排除する工法
横ボーリング工	地すべり斜面に向かってやや上向きにボーリングを行い、地下水を排除する工法
集水井工	井筒を設けて地下水を集水し、原則として自然排水する工法
排土工	地すべり頭部などの不安定な土塊を排除し、土塊の滑動力を減少させる工法

- 抑制工→抑止工の順に施工し、抑止工だけの施工は避ける！
- **抑制工** ➡ 自然条件を変化させることにより、地すべり運動を停止または緩和させる！
- **抑止工** ➡ 杭などの構造物を設けることにより、地すべり運動の一部または全部を停止させる！

頻出項目総まとめ！

【道路・舗装】

アスファルト舗装の路床・路盤

- **路床** ➡ 切土の場合は、表面から 30cm 程度以内にある木根、転石などを取り除いて仕上げる！
- **路床盛土** ➡ 1 層の敷均し厚さは、仕上り厚で 20cm 以下！
- **下層路盤の粒度調整工** ➡ 1 層の仕上り厚さは、20cm 以下！

アスファルト混合物の締固め

- 継目転圧→初転圧→二次転圧→仕上げ転圧の順序で行う！
- **初転圧** ➡ ローラへの混合物の付着防止に、少量の水や軽油などを薄く塗布する！
- **二次転圧** ➡ タイヤローラか振動ローラを用いて行い、終了温度は 70 ～ 90℃！
- **仕上げ転圧** ➡ タイヤローラかロードローラで行う！
- **転圧終了後の交通開放** ➡ 舗装表面の温度が 50℃以下になってから行う！
- **横継目部** ➡ 下層の継目の上に上層の継目を重ねない！

タックコート

- 加熱アスファルト混合物とその下層との面の付着をよくするために散布する！
- 散布量は 0.3 ～ 0.6L/m^2 が標準！

アスファルト舗装の破損

これだけ覚える！

縦断方向の凹凸	道路の延長方向に、比較的長い波長で生じる凹凸で、どこにでも生じる。
わだち掘れ	道路の横断方向の凹凸で、車両の通過位置に生じる。
ヘアクラック	縦・横・斜め不定形に、幅 1mm 程度に生じる比較的短いひび割れで、おもに表層に生じる。
線状ひび割れ	縦、横に長く生じるひび割れで、路盤の支持力が不均一な場合に生じる。

コンクリート舗装

- **表面仕上げの手順** ➡ 荒仕上げ→平坦仕上げ→粗面仕上げの順に行う！
- **コンクリートフィニッシャ** ➡ コンクリートの締固めに用いる！

頻出項目総まとめ！

【ダム・トンネル】

コンクリートダムの施工

- **基礎掘削** ➡ ベンチカット工法！
  全断面工法ではない！
- **ダムの堤体工** ➡ ブロック割りしてコンクリートを打ち込むブロック工法！
  堤体全面に水平に連続して打ち込むRCD工法！
- **コンクリートの締固め** ➡ ブロック工法／
  バイブロドーザなどの内部振動機！
  RCD工法／振動ローラ！
- **RCD工法の継目** ➡ 横継目をダム軸に対して直角方向に設ける！
  縦継目ではない！
- **転流工** ➡ 仮排水路トンネル方式！

トンネルの山岳工法における支保工の施工

- **鋼製（アーチ式）支保工** ➡ 吹付けコンクリートの補強や掘削断面の切羽の早期安定などの目的で行う！
- **吹付けコンクリート** ➡ 吹付けノズルを吹付け面に直角に向ける！
  地山の凹凸を埋めるように吹付ける！

【海岸・港湾】

異形コンクリートブロックによる消波工

- **乱積み** ➡ 徐々にブロックどうしのかみ合わせがよくなる！
  据付け時のブロックの安定性は悪い！
- **層積み** ➡ 海岸線の曲線部などの施工が難しい！

ケーソン式防波堤の施工

- ケーソンは、えい航直後の据付けが困難な場合には、沈設して仮置きする！
- ケーソンの据付けは、底面が据付け面に近づいたら注水を一時止め、正確な位置を決めてからふたたび注水する！
  注水を中断することなく連続して行うのではない！
- ケーソンは、据付け後すぐに中詰めを行い、安定性を高める！

浚渫工事の施工

- **グラブ浚渫船**
  ➡ ポンプ浚渫船に比べ、底面を平坦に仕上げるのが難しい！
  岸壁など構造物前面の浚渫や狭い場所での浚渫にも使用できる！
- **非航式グラブ浚渫船の標準的な船団**
  ➡ グラブ浚渫船、土運船、引き船、自航揚錨船の4隻！
- **浚渫後の出来形確認測量** ➡ 音響測深機を使用する！

頻出項目総まとめ！

【鉄道・地下構造物】

道床バラスト

- **砕石が使われる理由** ➡ 荷重の分散効果に優れる！
  マクラギの移動を抑える抵抗力が大きい！

営業線内工事における保安対策

- **工事管理者・列車見張員** ➡ 工事現場ごとに専任の者を常時配置し、必要により複数配置！
- **重機械による作業** ➡ 列車の近接から通過の完了まで作業を一時中止！

シールド工法

- **フード部** ➡ トンネルを掘削！
- **ガーダー部** ➡ カッターヘッドの駆動、排土、ジャッキでの推進！
- **テール部** ➡ セグメントの組立て、覆工！
- **シールドの覆工** ➡ コンクリート製・鋼製のセグメントを用いる！
- **セグメントの外径** ➡ 掘削外径より小さい！
- **泥水式シールド工法** ➡ 大径の礫の搬出に適さない！

【上水道・下水道】

【上水道管の布設工事】

- **管の布設作業** ➡ 低所から高所に向けて行う！
  受口のある管は受口を高所に向けて配管する！
- **管の切断** ➡ 管軸に対して直角に行う！
- **鋼管の据付け** ➡ 管体保護のため基礎に良質の砂を敷き均す！

下水道管渠の接合方式

- **管底接合** ➡ ポンプ排水の場合は経済的に有利！
- **段差接合** ➡ 地表勾配が急な場合に用いる！
- **水面接合** ➡ 概ね計画水位を一致させて接合する！
- **管頂接合** ➡ 下流ほど管渠の埋設深さが増して建設費がかさむ!

下水道管渠の剛性管における基礎工

これだけ覚える！

地　盤	基　礎
硬質粘土・礫混じり土・礫混じり砂	砂基礎・砕石基礎
シルト・有機質土	コンクリート基礎
砂・ローム・砂質粘土	まくら木基礎
非常にゆるいシルト・有機質土	はしご胴木基礎

頻出項目総まとめ！

【労働基準法】

賃金の支払い

- **賃金とは** ➡ 労働の対償として使用者が労働者に支払うすべてのものをいう！
  賞与も賃金に含まれる！
- **未成年者の賃金** ➡ 直接本人に、全額を支払わなければならない！
  親権者や後見人に支払ってはならない！

労働時間・休憩・休日

これだけ覚える！

労働時間の上限	1週間	40時間
	1日	8時間
休憩	労働が6時間超	45分
	労働が8時間超	1時間
	一斉に与えなければならない	
休日	毎週	少なくとも1回
	4週間を通じ	4日以上
有給休暇の対象	6箇月以上継続勤務	全労働日の8割以上出勤

年少者の就業

- 児童が満 15 歳に達した日以後の最初の 3 月 31 日が終了する日までは使用不可！
- 満 18 歳に満たない者は、午後 10 時から午前 5 時までは使用不可！
- 満 16 歳に達した男性を交替制によって使用する場合は、午後 10 時以降でも使用できる！
- 満 18 歳に満たない者を坑内で労働させてはならない！
- 満 18 歳に満たない者については、その年齢を証明する戸籍証明書を事業場に備え付ける！

災害補償

- **療養補償** ➡ 業務上のけがや疾病は、使用者が費用負担！
- **休業補償** ➡ 労働者の療養期間中の平均賃金の 100 分の 60 ！
- **障害補償** ➡ 業務上のけがや疾病により障害が残ったときは、障害の程度に応じて補償！
- **労働者の重大な過失による場合**
  ➡ 行政官庁の認定を受けた場合は、休業補償・障害補償を行わなくてもよい！
- **打切補償** ➡ 療養開始後 3 年を経過しても負傷がなおらない場合は、打切補償により補償終了可！
- **災害補償を受ける権利** ➡ 譲渡・差押えは禁止！
  退職によって変更されない！

頻出項目総まとめ！

【労働安全衛生法】

安全衛生管理

- **統括安全衛生責任者との連絡のために関係請負人が選任しなければならない者**
  ➡ 安全衛生責任者！

作業主任者

- **作業主任者の選任を必要としない作業**

> • ブルドーザの掘削・押土作業
> • 道路のアスファルト舗装の転圧作業
> • 既製コンクリート杭の杭打ち作業

計画の届出

- **労働基準監督署長に工事開始の14日前までに計画の届出が必要な仕事**

> • 最大支間 50m 以上の橋梁の建設等の仕事
> • ずい道等の内部に労働者が立ち入るずい道等の建設等の仕事
> • 掘削の高さ・深さが 10m 以上である地山の掘削の作業を行う仕事
> • 圧気工法による作業を行う仕事

【建設業法】

主任技術者・監理技術者

- **設置** ➡ 元請・下請によらず、原則として主任技術者を置く！
  規定の請負代金額以上の場合は、監理技術者を置く！
- **専任** ➡ 規定の請負代金額以上の場合は、専任の者を置く！
- **職務** ➡ 建設工事の技術上の管理を行う！
  施工に従事する者の技術上の指導監督を行う！
  下請契約書の作成は職務に含まれない！
- **兼務** ➡ 現場代理人の職務を兼ねることができる！

元請負人の義務

- **工程の細目・作業方法を定めようとするとき**
  ➡ あらかじめ下請負人の意見を聞かなければならない！
- **前払金の支払いを受けたとき**
  ➡ 下請負人に対して、必要な費用を前払金として支払うよう適切な配慮をする！

施工技術の確保

- 建設業者は、施工技術の確保に努めなければならない！

頻出項目総まとめ！

【道路関連法令】

車両制限令

これだけ覚える！

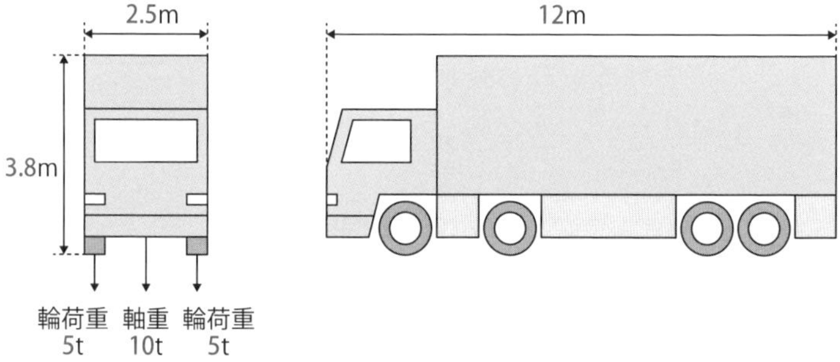

総重量（車両自重＋積載物重量＋乗員）
20t

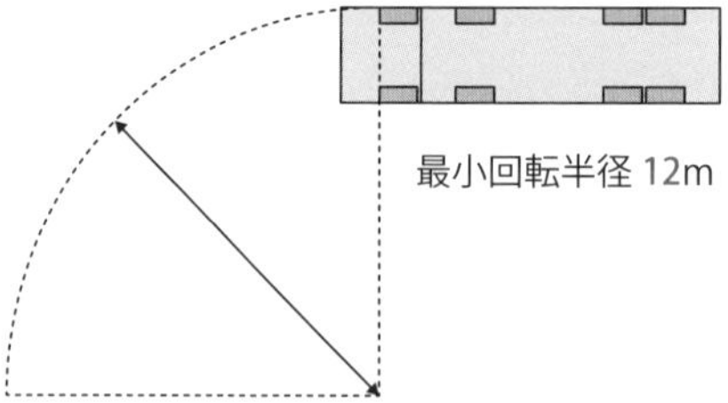

幅	2.5m
総重量	20t
軸重	10t
輪荷重	5t
高さ	3.8m
長さ	12m
最小回転半径	12m

【河川法】

河川法の目的と河川管理施設

● **河川法の目的** ➡ 河川環境の整備と保全も河川法の目的に含まれる！

● **河川管理施設** ➡ ダムも河川管理施設に該当する！

河川管理者の許可

● **河川区域内で河川管理者の許可を必要とするもの**

- 工作物の新築・改築・除却
- 河川の地下を横断するサイホンやトンネルの設置
- 工事資材置場の設置
- 河川上空の送電線の架設
- 土砂の採取

● 下水処理場の排水口の付近に積もった土砂の排除は、河川管理者の許可を必要としない！

河川管理者

これだけ覚える！

一級河川	国土交通大臣
二級河川	都道府県知事
準用河川	市町村長

頻出項目総まとめ！

【建築基準法】

用語の定義

- **建築物** ➡ 土地に定着する工作物のうち、屋根と柱か壁を有するものをいう！
- **主要構造部** ➡ 壁、柱、床、はり、屋根、階段をいう！
間柱や間仕切壁は主要構造部ではない！
- **建築設備** ➡ 建築物に設ける電気、ガス、給水などの設備をいう！
- **特殊建築物** ➡ 学校、病院、劇場などをいう！
- **容積率** ➡ 建築物の延べ面積の敷地面積に対する割合！
- **建蔽率** ➡ 建築物の建築面積の敷地面積に対する割合！

接道義務

- 建築物の敷地は、原則として道路に 2m 以上接しなければならない！

仮設建築物の規制緩和

- 建築確認の申請は適用されない！
- 容積率の規定は適用されない！
- 建蔽率の規定は適用されない！
- 接道義務は適用されない！

● 防火地域・準防火地域に設ける建築物の屋根の構造については、政令で定める技術的基準が適用される！

【火薬類取締法】

火薬類の取扱い

● **火薬庫の設置・移転、その構造・設備の変更**
➡ 都道府県知事の許可が必要！

● **火薬類の爆発・燃焼・廃棄** ➡ 都道府県知事の許可が必要！

● **火薬類の運搬** ➡ 出発地を管轄する都道府県公安委員会に届出！

● **火薬類取扱所に存置することのできる火薬類の数量**
➡ 1日の消費見込量以下！
全作業の消費見込量ではない！

● **固化したダイナマイト等** ➡ もみほぐす！

● **火薬類の存置・運搬**
➡ 火薬、爆薬、導火線、火工品をそれぞれ異なる容器に収納！
同一の容器に収納してはならない！

● **消費場所で火薬類を取り扱う者**
➡ 腕章を付ける等、他の者と容易に識別できる措置を講じる！

● **火薬類を収納する容器**
➡ 木その他電気不良導体で作った丈夫な構造のものとし、内面には鉄類を表さない！

● **火薬類を装填する場合の込物**
➡ 砂その他発火性・引火性のないものを使用し、摩擦・衝撃・静電気等に対して安全な装填機、装填具を使用する！

頻出項目総まとめ！

【騒音・振動規制法】

騒音規制法

●**特定建設作業**

- さく岩機を使用する作業
- ディーゼルハンマによる杭打ち作業
- バックホゥを使用する作業
- ブルドーザを使用する作業

➡ 舗装版破砕機を使用する作業は、振動規制法の特定建設作業！

●**届出事項** ➡ 建設工事の概算工事費は届出事項ではない！

振動規制法

●**特定建設作業の対象となる建設機械**

- ジャイアントブレーカ
- ディーゼルハンマ
- 舗装版破砕機

➡ ブルドーザ、ソイルコンパクタは、振動規制法の特定建設作業の対象とならない！

●**特定建設作業に関する届出先** ➡ 市町村長！

【港則法】

港長の許可

- **特定港内・特定港の境界付近で工事・作業をしようとする者**
  - ➡ 港長の許可が必要！
    港湾管理者の許可ではない！
- **特定港内で危険物の運搬・積込み・荷卸しをしようするとき**
  - ➡ 港長の許可が必要！
    港長への届出ではない！

航　法

- 船舶は、航路内において他の船舶と行き会うときは、右側を航行しなければならない！
- 船舶は、航路内においては、他の船舶を追い越してはならない！
- 船舶は、防波堤・埠頭・停泊船などを右げんに見て航行するときは、できるだけこれに近寄って航行しなければならない！
  - ➡ 左げんに見て航行するときは、できるだけこれに遠ざかって航行しなければならない！

航　路

- 汽艇等以外の船舶は、特定港に出入・通過するときは、定められた航路によらねばならない！
- 船舶は、航路内においては投びょうし、またはえい航している船舶を放してはならない！

頻出項目総まとめ！

【契約】

公共工事標準請負契約約款

●**設計図書**

- 図面
- 仕様書
- 現場説明書及び現場説明に対する質問回答書

➡ 契約書は設計図書ではない！

●**確認請求**

- 図面、仕様書、現場説明書及び現場説明に対する質問回答書が一致しないとき
- 設計図書の表示が明確でないとき
- 設計図書に誤謬・脱漏があるとき
- 設計図書と工事現場の不一致の事実が発見されたとき

●**搬入した工事材料** ➡ 監督員の承諾を受けずに工事現場外に搬出してはならない！

●**不用となった支給材料・貸与品** ➡ 発注者に返還しなければならない！

●**完成検査** ➡ 検査・復旧に直接要する費用は受注者負担！

【建設機械】

建設機械の用途

これだけ覚える！

建設機械	用　途
バックホゥ	硬い地盤の掘削
クラムシェル	狭い場所での深い掘削
トラクターショベル	土の積込み、運搬
ブルドーザ	土砂の掘削・押土、短距離の運搬
ドラグライン	水路の掘削、浚渫
モーターグレーダ	敷均し、整地
スクレープドーザ	掘削、運搬、敷均し
モータースクレーパ	掘削、積込み、運搬、まき出し

➡ モーターグレーダやモータースクレーパで締固めはできない！

性能表示

- **ダンプトラック** ➡ 最大積載量（t）
- **振動ローラ** ➡ 質量（t）
- **バックホゥ** ➡ バケット容量（m^3）
- **クレーン** ➡ 定格総荷重（t）・作業半径（m）

頻出項目総まとめ！

【施工計画】

事前調査

● 事前調査は、契約条件・設計図書の検討、現地調査が主な内容！

● **調査項目**

- 工事内容の把握のため、契約書、設計図面及び仕様書の内容を検討し、工事数量の確認を行う。
  ➡ 現地事務所用地の確認は含まない！
- 近隣環境の把握のため、現場用地の状況、近接構造物、地下埋設物などの調査を行う。
  ➡ 労務の供給の調査は含まない！
- 輸送・用地の把握のため、道路状況、工事用地などの調査を行う。
  ➡ 労働賃金の支払い条件の調査は含まない！
- 資機材の把握のため、調達の可能性、適合性、調達先などの調査を行う。

仮設備計画

● **任意仮設** ➡ 規模や構造などを受注者に任せる！

● **指定仮設** ➡ 発注者が設計図書でその構造や仕様を指定する！
構造の変更が必要な場合は発注者の承諾を得る！

【工程管理】

各種工程表

これだけ覚える！

工程表	特　徴
横線式工程表（バーチャート）	作成が簡単で各工事の工期がわかりやすい。
横線式工程表（ガントチャート）	各作業の進捗状況が一目でわかる。
グラフ式工程表	各工事の工程を斜線で表した図表である。
ネットワーク式工程表	全体工事と部分工事が明確に表現でき、各工事間の調整が円滑にできる。
出来高累計曲線	工事全体の実績（出来高）比率の累計を曲線で表した図表である。
工程管理曲線（バナナ曲線）	縦軸に出来高比率をとり、横軸に時間経過比率をとる。 上方許容限界と下方許容限界を設けて工程を管理する。

工程管理曲線（バナナ曲線）

- **上方許容限界** ➡ 超えたときは、工程が進み過ぎ！
- **下方許容限界** ➡ 下回ったときは、工程が遅れている！

頻出項目総まとめ！

【安全管理】

特定元方事業者の労働災害防止措置

- 作業間の連絡及び調整を行う。
- 毎作業日に作業場所を巡視する。
  ➡ 毎週作業開始日ではない！
- 関係請負人が行う労働者の安全・衛生教育に対する指導及び援助を行う。
  ➡ 関係請負人の自主性に任せるのではない！
- 特定元方事業者と関係請負人が参加する協議組織を設置する。
  ➡ 関係請負人ごとに設置させるのではない！

足場の安全管理

これだけ覚える！

作業床の幅	40cm 以上
床材間の隙間	3cm 以下
床材と建地との隙間	12cm 未満
作業床の手すりの高さ	85cm 以上

●床材が転位し脱落しないよう、2 つ以上の支持物に取り付ける！

型枠支保工の倒壊防止

- 強風や大雨等の悪天候のため危険が予想される場合は、組立て作業を行わない！
- 支柱の継手は、突合せ継手か差込み継手とする！
  ➡ 重ね継手ではない！

建設機械の安全管理

- 最高速度が毎時 10km 超の建設機械を用いて作業を行うときは、制限速度を定める！
- 運転者が運転位置から離れるときは、バケット等を地上に下ろし、建設機械の逸走を防止する！
- 移動式クレーンの運転者は、荷をつったままで、運転位置を離れてはならない！
- 建設機械の運転時に誘導者を置くときは一定の合図を定め、運転者はその合図に従わなければならない！

地山の掘削作業の安全確保

- 地山の掘削及び土止め支保工作業主任者技能講習を修了した者のうちから、地山の掘削作業主任者を選任する。
  ➡ 特別教育ではない！

解体作業の危険防止

- 悪天候のため、作業の実施について危険が予想されるときは、作業中止！

頻出項目総まとめ！

【品質管理】

品質特性と試験方法

これだけ覚える！

品質特性	試験方法
アスファルト混合物の安定度	マーシャル安定度試験
アスファルト舗装の厚さ	コア採取による測定
締固め度の管理	プルーフローリング試験
路床・路盤の支持力	CBR 試験
粒度	ふるい分け試験
針入度	針入度試験

ヒストグラムの見方

- バラツキが規格内で余裕があり、平均値も規格の中心と一致しているのがよい！
- バラツキが規格の上限値・下限値と一致し、余裕がない場合は、バラツキを小さくする！
  ➡ 規格の幅を小さくするのではない！
- データが上限値・下限値を超えている場合には、規格値内に収まるように対策を検討する！

レディーミクストコンクリートの受入れ検査

- 圧縮強度 ➡ 1 回の試験結果は指定呼び強度の 85%以上！
  3 回の試験結果の平均値は指定呼び強度値以上！
- スランプの許容差 ➡ 購入者が指定した値により異なる！
- 空気量の許容差 ➡ コンクリートの種類に関係なく± 1.5% ！

盛土の締固め品質管理

- 締固めの目的 ➡ 土の空気間隙を少なくして透水性を低下させ、
  土を安定した状態にすること！
- 最適含水比 ➡ 土が最もよく締まる含水状態のことで、最大乾燥
  密度の得られる含水比！
  最小乾燥密度ではない！
- 品質規定方式 ➡ 盛土の締固め度などを規定する！
- 工法規定方式 ➡ 使用する締固め機械の機種、締固め回数、敷均
  し厚さなどを規定する！

品質管理の PDCA

- 手順 ➡ 品質特性・品質規格の決定（Plan）
  → 作業標準に基づく実施（Do）
  → データの解析・検討（Check）
  → 異常原因の除去（Action）

頻出項目総まとめ！

【環境保全】

地域住民の生活環境の保全対策

- **土工作業における騒音・振動の防止**
  ➡ 低騒音・低振動の工法や機械を採用する！
- **土運搬による土砂飛散防止**
  ➡ 過積載防止、荷台のシート掛けの励行、現場から公道に出る位置への洗車設備の設置！
- **盛土箇所の塵あい防止** ➡ 盛土表面への散水、乳剤散布、種子吹付けなどを実施する！

建設機械の騒音振動対策

- 履帯式（クローラ式）の建設機械は移動時の騒音振動が大きいので、車輪式（ホイール式）の建設機械を用いる！
- 空気式の建設機械は油圧式のものに比べて騒音が大きいので、油圧式の建設機械を用いる！
- 掘削土をバックホゥなどでトラックなどに積み込む場合は、落下高を低くしてスムースに行う！
- 建設機械の騒音は、エンジンの回転速度に比例するので、無用なふかし運転は避ける！
- 建設機械は、整備不良による騒音振動が発生しないように点検・整備を十分に行う！

【建設副産物】

特定建設資材

- コンクリート
- コンクリート及び鉄から成る建設資材
- 木材
- アスファルト・コンクリート

➡ 建設発生土と土砂は、特定建設資材ではない！

産業廃棄物

これだけ覚える！

産業廃棄物	• 工作物の新築・改築・除去に伴って生ずる コンクリートの破片、アスファルト・コンクリートの破片、繊維くず、ガラス・陶磁器くず、紙くず、木くず • 防水アスファルトやアスファルト乳剤の使用残さなどの廃油 • 廃ビニール、廃タイヤ
特別管理型 産業廃棄物	• 揮発油類、灯油類、軽油類の廃油 • 飛散性アスベスト廃棄物
一般廃棄物	• 産業廃棄物以外の廃棄物

施工経験記述NG集！

1 工事名

NG ○○ビル新築工事

チェックポイント！

①土木工事であることが明確にわかるように記入する。

②工事の対象・工事の種類がわかるように具体的に記入する。

⬇

良い例 ○○ビル新築工事に伴う基礎工事

2 工事内容

（1）発注者名

NG ○○建設

チェックポイント！

①公共工事は発注機関名を、民間工事は発注会社名（下請けの場合は、直上の会社名）を記入する。

②正式名称と担当部課名を正確に記入する。

⬇

良い例 株式会社○○建設□□支店

（2）工事場所

NG　○○県□□市

チェックポイント！
①都道府県名、市町村名、字等を詳しく記入する。
②番地が不明のものは地内と記入する。

⬇

良い例　○○県□□市△△町××地内

（3）工期

NG　令和○年○月～□月

チェックポイント！
①自社が請け負った工期を記入する。
②試験日には完了している工期を記入する。
③１ヵ月以上のものを選ぶ。
④過去５年以内のものを選ぶ。
⑤工期の始めと終わりに年号か西暦で、必ず年月日を入れる。

⬇

良い例　令和○年○月○日～令和□年□月□日

(4) 主な工種

NG 基礎工

チェックポイント！

①工事の内容がイメージできる程度の主要な工種を 2 ～ 3 種類記入する。
②工事数量は記入しない。
③自社が請け負った範囲の工種を記入する。
④〔設問 2〕で取り上げる工種は、必ず記入する。

⬇

良い例 基礎工、場所打ち杭工、仮設工

(5) 施工量

NG 基礎杭○○本

チェックポイント！

①主な工種に記入した工種に対応するように、施工数量を記入する。
②種別、規格、単位を記入する。

⬇

良い例 基礎杭φ 600L ＝ 200m ○○本、鉄筋工φ 13mm ～ φ 22mm ○○ t、コンクリート 24N ○○ m^3

3 工事現場における施工上の立場

NG 現場監督

チェックポイント！
①施工管理を行った立場を記入する。
②会社の役職名や資格名（作業主任者等）は記入しない。

⬇

良い例 工事主任（または現場代理人、主任技術者など）

4 〔設問 2〕の書き方

(1) 特に留意した技術的課題

「工事の概要」、「課題が生じた現場や施工の状況など」、「留意した技術的課題」の流れで 3 段落にまとめる。

(2) 技術的課題を解決するために検討した項目と検討理由及び検討内容

「検討した項目」、「検討理由」、「検討内容」の順で記入し、「検討理由」に重点を置く。

(3) 現場で実施した対応措置とその評価

検討内容から実際に行った対応措置の方法を具体的・簡潔に記入する。材料、工法、規模、規格、機械名、台数、人数を明確にし、最後に結果を記入する。

さくいん

な

に

ね

の

は

ひ

ふ

へ

ほ

本書に関する正誤等の最新情報は、下記のアドレスでご確認ください。
http://www.s-henshu.info/2dssr2403/

上記掲載以外の箇所で正誤についてお気づきの場合は、**書名・発行日・質問事項（該当ページ・行数・問題番号**などと**誤りだと思う理由**）・**氏名・連絡先**を明記のうえ、お問い合わせください。

・web からのお問い合わせ：上記アドレス内【正誤情報】へ
・郵便または FAX でのお問い合わせ：下記住所または FAX 番号へ

※電話でのお問い合わせはお受けできません。

［宛先］コンデックス情報研究所
「スピード攻略！ 2級土木施工管理技術検定 集中レッスン」係
住　所：〒359-0042　所沢市並木3-1-9
FAX 番号：04-2995-4362（10:00～17:00　土日祝日を除く）

※本書の正誤以外に関するご質問にはお答えいたしかねます。また、受検指導などは行っておりません。
※ご質問の受付期限は、各検定日の10日前必着といたします。ご了承ください。
※回答日時の指定はできません。また、ご質問の内容によっては回答まで10日前後お時間をいただく場合があります。
あらかじめご了承ください。

編著：コンデックス情報研究所
1990年6月設立。法律・福祉・技術・教育分野において、書籍の企画・執筆・編集、大学および通信教育機関との共同教材開発を行っている研究者・実務家・編集者のグループ。

イラスト：ひらのんさ

スピード攻略！ 2級土木施工管理技術検定 集中レッスン

2024年5月20日発行

編　著　コンデックス情《じょう》報《ほう》研《けん》究《きゅう》所《しょ》
発行者　深見公子
発行所　成美堂出版
〒162-8445　東京都新宿区新小川町1-7
電話(03)5206-8151　FAX(03)5206-8159
印　刷　株式会社フクイン

ISBN978-4-415-23848-7
落丁・乱丁などの不良本はお取り替えします
定価はカバーに表示してあります